Organic Recycling

有机循环

中国农业大学有机循环研究院（苏州）◎编

·北京·

内 容 简 介

有机循环是有机废弃物循环利用的简称，即对城市和乡村产生的有机废弃物，包括厨余垃圾、园林绿化废弃物、生活污泥、农作物秸秆、畜禽粪污等进行处理和利用，最终达到废物利用、改善环境和低碳减排的目的。本书对有机废弃物循环利用进行了较全面的介绍，包括概念、处理技术、资源化、工程应用、环太湖有机废弃物处理利用示范、未来展望等。

图书在版编目(CIP)数据

有机循环/中国农业大学有机循环研究院(苏州)编. --北京：中国农业大学出版社，2022.10

ISBN 978-7-5655-2872-9

Ⅰ.①有… Ⅱ.①中… Ⅲ.①有机垃圾-固体废物利用 Ⅳ.①X705

中国版本图书馆 CIP 数据核字(2022)第 178460 号

书　　名 有机循环

作　　者 中国农业大学有机循环研究院(苏州)　编

策划编辑 梁爱荣　　**责任编辑** 梁爱荣
封面设计 李尘工作室
出版发行 中国农业大学出版社
社　　址 北京市海淀区圆明园西路 2 号　　**邮政编码** 100193
电　　话 发行部 010-62733489，1190　　读者服务部 010-62732336
编辑部 010-62732617，2618　　出　版　部 010-62733440
网　　址 http://www.cau.edu.cn/caup　　**E-mail** cbsszs@cau.edu.cn
经　　销 新华书店
印　　刷 涿州市星河印刷有限公司
版　　次 2022 年 10 月第 1 版　　2022 年 10 月第 1 次印刷
规　　格 170 mm×240 mm　　16 开本　　7 印张　　97 千字
定　　价 60.00 元

前言

有机循环是有机废弃物循环利用的简称，即对城市和乡村产生的有机废弃物（包括厨余垃圾、园林枝叶、生活污泥、农作物秸秆、畜禽粪污、水草等）进行处理和利用，最终达到废物利用、改善环境和低碳减排的目的。

废弃物来自日常的生产与生活，大自然也有废弃物，如落叶、秸秆、粪便等，并且有着自身的废弃物循环法则，其核心就是微生物（当然还有其他生物）。所有废弃物掉落到地表后，会形成一个枯枝落叶层，自然界的微生物就会把这些废弃物转化成腐殖质，沉淀在土壤中，进一步又被植物利用，完成一个循环。完善的自然生态系统是没有废物的，因为一些生物的所谓废物会被其他生物作为资源利用，形成完整的物质循环体系。

人类社会也是一个生态系统，在传统中国社会里，很多今天被称为废弃物的东西，在20世纪50—60年代前，甚至到70—80年代都被用作有机肥料，而且70年代之前农村常常是到处收集今天被我们称为垃圾的东西来沤肥，这也是我国传统农业维持几千年生产力的重要原因。问题出在现代社会，也就是近50年来，在城市化和工业化快速发展的过程中，已有的废弃物管理系统被一个个现代处理设施所取代，已有的有机肥被化肥所替代，结果是循环被中断，污水即使经过处理也给河湖带来营养负荷，导致水体污染日益严重；化肥施用带来了粮食产量的不断提高，但土壤质量因养分不能回流也受到严重影响。

因此，现在是到了审视已有废物管理存在问题和寻求解决方案的时候了。错误的思想和路线不仅造成资源的浪费和环境的污染，还带来高昂的处理成本，使农业生态系统可持续性降低。

生态学是一门自然界的哲学课，在生态学理论中，任何一个系统均由生产者(producer)、消费者(consumer)和分解者(decomposer)构成，而且只有这样一个三元的系统才是完整的和稳定的。生产者一般为植物，主要生产出第一性产品，如谷物、纤维、油脂等；消费者为动物，主要以第一性产品为食物，产出动物类产品，如肉类、蛋类、奶类、皮毛等。生产者和消费者均会产生一些废弃物，如秸秆、粪便等，其后续处理与利用则均由分解者来完成，可通过微生物转化为可利用的有机质，通过蚯蚓、昆虫转化出饲料。

围绕生态系统三个子系统，一直遵循着物质循环再生的原理，即所有物质(materials)，包括碳、氮、磷、水等均在系统及系统各食物网生物单元间发生了一系列的吸收、利用和再吸收、再利用，最终实现大系统的"零废弃"或"零废物"。

相比之下，我们现代社会建立起来的"城市""工厂""大农场"等，通常只有生产和消费，往往缺失了分解。我们的城市产生的废水、固废通过污水处理厂、垃圾焚烧炉或填埋场在消纳、解决的同时也导致一系列二次污染；我们的工厂虽探索着绿色制造，但仍有大量的固废进入焚烧炉或填埋场；我们的农场也放弃了种养结合，走向单一大规模的种植农场和养殖场，其废弃物因没有出路变成污染物，甚至开始接受城市成本高昂的处理技术。

试图退回到传统的社会是不可能了，但树立正确的生态学思想，师法自然、学习古人，是可以找到适宜的路线和方法的。

国内已经有相当数量的科学家和执政者在开展探索"无废城市"的建立，生态工业和循环经济也成为众多企业的追求目标，在农业领域则在探索"生态农业"与"生态农场"的建设。国家生态文明战略也正在各个领域展开，相信经过大家10～20年的努力，完全可以把我国废弃物的管理回归到循环利用模式，重新引领国际的有机废弃物处理方向。

本书对有机废弃物循环利用进行了较全面的介绍，包括概念、处理技术、资源化、工程应用、环太湖有机废弃物处理利用示范、未来展望等。期望读者通过阅读，了解到相关知识和做法，积聚共识，为推动国家有机循环事业做出各自的贡献。

本书第1章绪论，由李季、魏雨泉、徐鹏祥、陈文杰、闫锐、潘成杰编写；第2章有机废弃物处理技术，由魏雨泉、籍延宝编写；第3章有机废弃物资源化，由田光明、林永锋、方昭、许艇编写；第4章有机废弃物处理利用工程，由李彦明、常瑞雪、张陇利编写；第5章环太湖有机废弃物处理利用示范，由詹亚斌、韩跃国、陈维林、张二杨、侯鹏博编写；第6章未来挑战与展望，由李季、刘勇迪、丁国春编写。全书由李季、田光明统稿。

李季

2022年7月

目录

1 绪论 1

1.1 有机废弃物 …… 1
1.1.1 有机废弃物类型 …… 1
1.1.2 国内外有机废弃物处理与利用现状 …… 2
1.1.3 有机废弃物面临挑战 …… 5
1.2 有机循环理念 …… 6
1.2.1 生态系统 …… 6
1.2.2 物质循环 …… 8
1.2.3 能量流动 …… 12
1.3 有机循环类型 …… 13
1.3.1 水陆大循环 …… 13
1.3.2 城乡中循环 …… 14
1.3.3 就地小循环 …… 14
参考文献 …… 15

2 有机废弃物处理技术 16

2.1 填埋 …… 18

2.2 焚烧 …………………………………… 19
2.3 厌氧消化 ………………………………… 22
2.4 好氧堆肥 ………………………………… 25
2.5 腐生生物转化 …………………………… 28
2.6 总结 …………………………………… 30
参考文献 ………………………………………… 31

3 有机废弃物资源化 36

3.1 肥料化 ………………………………… 37
3.1.1 堆肥与有机肥………………………… 37
3.1.2 育苗和栽培基质……………………… 39
3.1.3 液体肥……………………………… 40
3.2 饲料化 ………………………………… 42
3.2.1 青贮饲料……………………………… 42
3.2.2 蛋白饲料……………………………… 43
3.3 能源化 ………………………………… 46
3.3.1 生物天然气(气体燃料)……………… 47
3.3.2 液体燃料(生物酒精、生物柴油) …… 48
3.3.3 固体燃料(生物质型煤)……………… 49
3.4 基料化 ………………………………… 50
3.4.1 食用菌栽培基质……………………… 51
3.4.2 动物饲养垫料………………………… 51
3.4.3 园林景观覆盖物……………………… 52
3.5 材料化 ………………………………… 53
3.5.1 生产材料……………………………… 53

3.5.2 吸附材料…………………………… 53
3.5.3 生化制品…………………………… 54
3.6 发展前景 …………………………… 55
参考文献 …………………………………… 56

4 有机废弃物处理利用工程 60
4.1 厌氧消化 …………………………… 60
4.1.1 湿式厌氧消化处理工程……………… 60
4.1.2 干式厌氧消化工程…………………… 62
4.2 好氧堆肥 …………………………… 65
4.2.1 大型槽式堆肥工程…………………… 65
4.2.2 小型槽式堆肥工程…………………… 67
4.2.3 密闭筒仓反应器堆肥工程…………… 69
4.3 厌氧-好氧耦合处理工程 ………… 71
4.4 动物转化 …………………………… 73
4.5 环境-农业综合体…………………… 75
4.5.1 日本滋贺县爱东町地区的生物燃料发展模式…………………………… 75
4.5.2 日本宫崎县菱镇的有机农业发展模式……………………………… 76
参考文献 …………………………………… 78

5 环太湖有机废弃物处理利用示范 79
5.1 项目背景 …………………………… 79
5.2 环太湖有机废弃物产生情况 ………… 81

5.3 环太湖有机废弃物处理和利用 ········· 82
5.4 环太湖有机废弃物处理利用示范中心（临湖镇）················· 83
5.4.1 基本情况 ························ 83
5.4.2 工艺方案 ························ 84
5.4.3 工艺流程 ························ 85
5.4.4 产品及投资收益 ·················· 87
5.5 环太湖示范区建设规划与效益评估 ··· 88
5.5.1 建设规划 ························ 88
5.5.2 效益评估 ························ 88
参考文献 ··························· 89

6 未来挑战与展望 91

6.1 面临挑战 ························· 91
6.1.1 废物流管理协同不够 ·············· 92
6.1.2 现有技术创新不足 ················ 93
6.1.3 风险控制压力增大 ················ 93
6.2 展望 ····························· 94
6.2.1 不同类型示范样板建立 ············ 95
6.2.2 土壤与食物健康提升 ·············· 96
6.2.3 碳固定和碳中和贡献 ·············· 97
参考文献 ··························· 98

1 绪 论

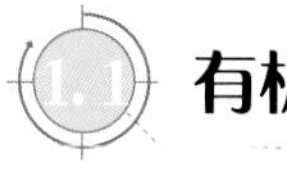

1.1 有机废弃物

1.1.1 有机废弃物类型

有机废弃物是指人们在生活和生产活动中丢弃的一类有机物质，主要包括农业废弃物（秸秆、畜禽粪污等）、城镇废弃物（园林枝叶、市政污泥、餐厨垃圾等）和产业废弃物（糖渣、酒糟等）。

本书重点针对城乡居民生活、农业生产和水体净化过程中产生的有机固体类废弃物进行描述，主要包括厨余废弃物、园林绿化废弃物、农作物秸秆、畜禽粪便、水草和淤泥等类型。

厨余废弃物：也称厨余垃圾，指居民生活消费过程中产生的易腐烂的有机废弃物，主要包括家庭厨余垃圾、餐厨垃圾以及农贸市场产生的食品垃圾等。

园林绿化废弃物：指城镇建成区内园林及绿化植物养护过程中产生的林草修剪物以及凋落物等。

农作物秸秆：是成熟农作物茎叶（穗）部分的总称，通常指小麦、水稻、玉米、薯类、油菜、棉花、甘蔗和其他农作物在收获籽实及根茎等农产品后的剩余部分。

畜禽粪便:指动物养殖过程中产生的排泄物,主要涉及猪粪、牛粪、羊粪、禽粪等。

水草:指草本的水生植物,包括水面浮游植物、蓝藻、水葫芦、水花生、芦苇等。

淤泥:指河道清淤产生的一类废弃物。

1.1.2 国内外有机废弃物处理与利用现状

据不完全统计,2019 年全世界有机废弃物产生量约 223 亿 t(以干重计算),其中农业废弃物约 203 亿 t(畜禽粪便约 160 亿 t、秸秆约 43 亿 t)、城镇废弃物 20 亿 t(Drechsel et al., 2015;Kaza et al., 2018)。由此可见,全球有机废弃物产生量巨大、处理利用需求极高。

有机废弃物在不同国家间存在较大差异,这里重点比较一下美国、欧盟、日本等发达国家和地区有机废弃物的产生情况。2019 年,美国农业废弃物产生量约 13.20 亿 t(畜禽粪便约 8.70 亿 t,秸秆约 4.50 亿 t),城镇废弃物产生量 2.97 亿 t(生活垃圾 2.92 亿 t,城市污泥 0.05 亿 t)(United States Environmental Protection Agency,2020);同期,欧盟农业废弃物产生量 11.93 亿 t(畜禽粪便约 8.09 亿 t,秸秆约 3.84 亿 t),城镇废弃物产生量 2.23 亿 t(生活垃圾 2.20 亿 t,城市污泥 0.03 亿 t);日本农业废弃物产生量约 0.55 亿 t(畜禽粪便 0.40 亿 t、秸秆 0.15 亿 t),城镇废弃物产生量 0.45 亿 t(生活垃圾约 0.43 亿 t,城市污泥 0.02 亿 t)。

目前全球有机废弃物整体处理利用水平较低。以生活垃圾处理为例,全球大多数地区生活垃圾的处理方式仍以倾倒和填埋为主,约 36.2%通过填埋处理,其中 3.7%通过带有气体收集系统的卫生填埋场进行处理;露天倾倒约占生活垃圾总量的 33.0%,通过厌氧消化等资源循环利用技术回收的占 13.5%,通过堆肥处理的占 5.5%,通过焚烧进行最终处置的占 11.1%,

如图 1-1 所示(Kaza et al., 2018)。

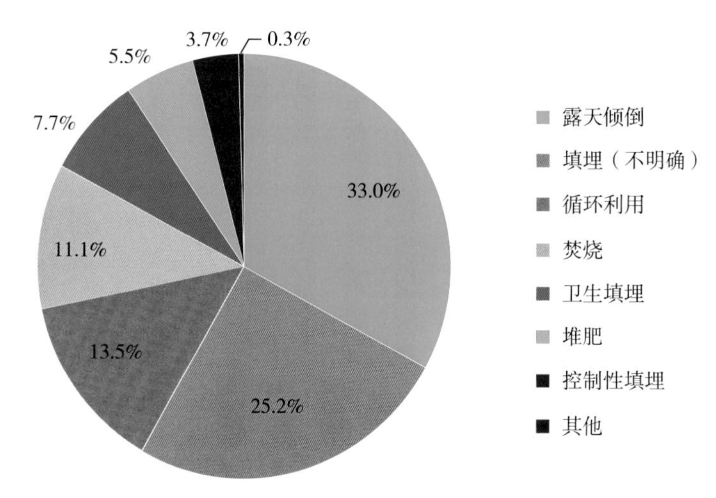

图 1-1 全球生活垃圾不同处理处置方式占比

生活垃圾处理方式在不同国家和地区间表现出较大差异。2014 年美国的生活垃圾中,25.7%经回收处理进行二次利用,8.9%为堆肥处理,12.8%通过焚烧处理实现能量回收,另外还有 52.6%进行填埋处理。2018 年欧洲联盟产生的城镇生活垃圾中,37.9%回收处理,10.7%回填处理,6.0%进行能源回收,38.4%填埋处理,0.7%焚烧处理,6.3%其他处理;德国产生的城市生活垃圾中,0.2%填埋处理,0.4%焚烧处理,98.2%通过能源和物质回收利用,1.2%通过其他方式处理(孙炘, 2021)。2019 年日本产生的生活垃圾中,78%焚烧处理,20%回收处理,2%其他处理。

据估算,2019 年我国各类有机废弃物产生量(干重)为:畜禽粪便 10.68 亿 t、秸秆 8.27 亿 t、人粪尿 2.23 亿 t、生活垃圾 1.40 亿 t、污泥 0.11 亿 t,总计 22.69 亿 t(图 1-2)(国家统计局,生态环境部,2019,2021)。

目前,我国畜禽粪污资源化利用率为 75%,规模养殖场粪污处理设施装备配套率达 90%以上,粪污处理设施基本具备,但大部分养殖场仍以粪便堆沤、粪水贮存等简易方式为主。根据调研,畜禽粪污处理方式以肥料化利用为主(94%)(堆沤还田占 75%,商品有机肥利用占 19%),厌氧发酵产

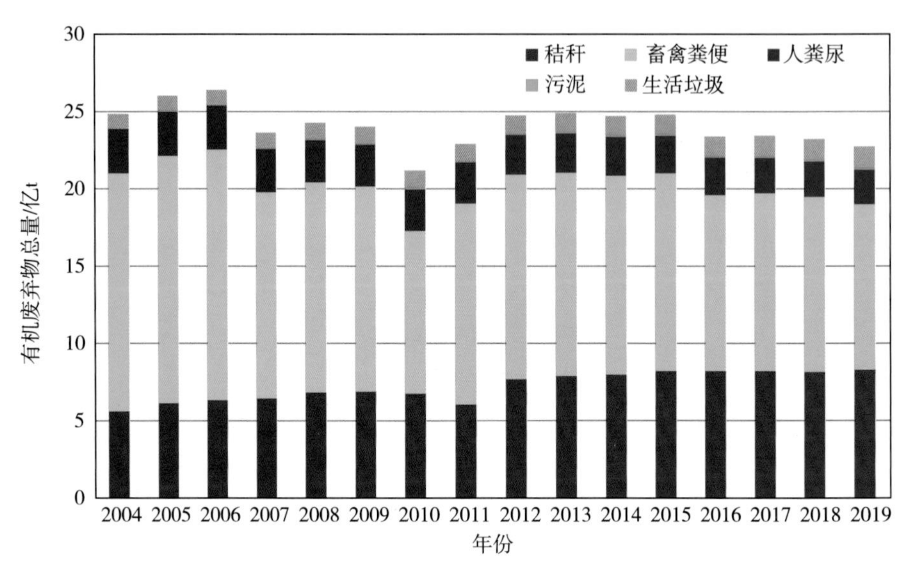

图 1-2 2004—2019 年国内有机废弃物产生量(国家统计局,生态环境部,2019,2021)

沼气、生活燃料、蚯蚓养殖等其他方式占 6%。一些地方存在设施建设不规范和无害化不彻底等问题,畜禽粪污资源化利用效率还有待进一步提升。2017 年我国秸秆利用率达到 83%,其中秸秆肥料化、饲料化、燃料化、基料化、原料化的利用率分别为 47.3%、19.4%、12.7%、1.9%和 2.3%,肥料化、饲料化等农业利用方式成为主流(石祖梁等,2018)。

2019 年全国厨余废弃物年产生量为 1.2 亿~1.4 亿 t,上海、北京、重庆、广州等餐饮业发达城市尤为突出,厨余废弃物日产生量达到 2 000 t 以上(Jin et al.,2021)。目前我国厨余废弃物处理技术包括填埋、肥料化、饲料化和能源化等,以环太湖五市(苏州、无锡、常州、湖州、嘉兴)为例:经调研厨余废弃物通过直接焚烧或厌氧消化产生沼气(沼渣焚烧)的能源化利用约占(86.7%),肥料化利用的比例较小,仅为 13.3%。而在未推行垃圾分类的地区,厨余垃圾混在生活垃圾中处理,其中填埋比例约占 35%,焚烧比例占 58.9%(来自《中国统计年鉴 2020》),造成过多碳排放以及环境污染风险。随着垃圾分类制度的实施和环保压力的增大,厨余废弃物处理与循环利用有望成为主流，将迎来发展契机。

综上所述，城乡有机废弃物涉及面广，产生量大，处理利用途径和技术复杂，因其关系到环境保护、资源利用和民生健康，已成为各国经济社会发展中需要解决的重大问题。

1.1.3 有机废弃物面临挑战

（1）产生量巨大、存在众多隐患。以生活垃圾为例，2018 年全世界产生 20 多亿 t 生活垃圾，主要采用了相对简单、成本较低的填埋方式，填埋比例占 42.4%（Kaza et al.，2018），这无疑会带来诸多隐患：①占用大量的土地，特别在大城市周边更为突出；②随着堆存量的增加和运营时间的延长，垃圾填埋场可能会发生渗滤液泄漏，污染土壤和地下水；③产生甲烷等易燃气体，存在安全风险。

（2）收集体系未全面建立、导致回收利用率低。以生活垃圾为例，发达国家对于生活垃圾的收集率为 90%以上，而低收入的欠发达国家对于生活垃圾的收集率仅 26%～48%（Kaza et al.，2018）。收集清运等基础设施未全面建立，必然影响到后续的回收利用。由此可见，全球有机固体废弃物的高效回收、循环利用还有很长的路要走。

（3）无害化程度低、影响后续利用。以我国为例，目前仍然有大量有机废弃物通过相对落后的技术进行处理，导致处理后的产品无害化程度较低。例如，在畜禽粪便处理方面，目前使用传统堆沤技术处理畜禽粪便的比例在 70%左右，无法实现对畜禽粪便的无害化处理。试验表明，利用简单堆沤技术处理的堆体发酵温度仅为 24 ℃，种子发芽指数仅为 49%，堆肥成品水分高达 65%，杂草种子灭活率为 83%，蛔虫卵灭活率仅为 48%，未能达到堆肥标准要求，给农业生产带来很大的施用风险。

（4）资源化利用率低、制约产业化发展。以我国环太湖五市为例，有机废弃物的资源化利用率仅为 17.2%，其中厨余废弃物、农业秸秆、畜禽粪便、水草的利用率分别为 13.3%，97.8%、96.3%、19.2%，而淤泥的利用率近乎为零。虽然环太湖五市对于农业废弃物的资源化利用程度很高，但对厨余废弃物、淤泥等城镇废弃物的资源化利用程度还远远不够，这可能是城镇废弃物产生量大、组成成分复杂导致的，因此需要政策引导、技术创新、公众参与等多方面努力来提升其资源化利用程度。

1.2 有机循环理念

有机废弃物的产生、流动及去向是在一个个生态系统内或生态系统间进行的，其循环利用理念也离不开生态系统本身。

1.2.1 生态系统

生态系统是指在自然界的一定的空间内，生物与环境构成的统一整体。在这个统一整体中，生物与环境之间相互影响、相互制约，并在一定时期内处于相对稳定的动态平衡状态中。生态系统的范围可大可小，地球最大的生态系统是生物圈，最为复杂的生态系统是热带雨林生态系统，人类主要生活在以城市和农田为主的人工生态系统中。

生态系统是开放系统，为了维系自身的稳定，生态系统需要不断输入能量，否则就有崩溃的危险；因此我们面对的生态系统绝大部分是开放式的系统，生态系统之间以及其与外界环境间发生着广泛的物质交换。如果将生态系统用一个简单明了的公式概括，可表示为：生态系统＝非生物环境＋生物群落。非生物环境又称无机环境、物理环境，如各种化学物质、气候因素等；生物群落由存在于自然界一定范围或区域内并互相依存的一定种类的动物、植物、微生物组成。生物群落同其生存环境之间以及生物群落内不同种群生物之间不断进行着物质交换和能量流动，并处于互相作用和互相影响的动态平衡之中。生态系统具有三大功能，分别是能量流动、物质循环和信息传递，其中物质循环是最重要的生态过程，决定了系统的产出、稳定和持续。

生态系统中的生物群落分三大功能类群:生产者、消费者和分解者。生产者主要指绿色植物,能够通过光合作用制造有机物,为自身和生物圈中的其他生物提供物质和能量;消费者主要指各种动物,直接或间接以植物为食,包括食草动物和各级食肉动物,在促进生物圈的物质循环方面起着重要作用;分解者是指细菌和真菌等腐生微生物,它们能将动植物残体中的有机物分解成无机物归还到无机环境中,促进物质的循环。生态系统各要素之间是相互联系、相互依存的,缺一不可。生态系统构成见图 1-3。

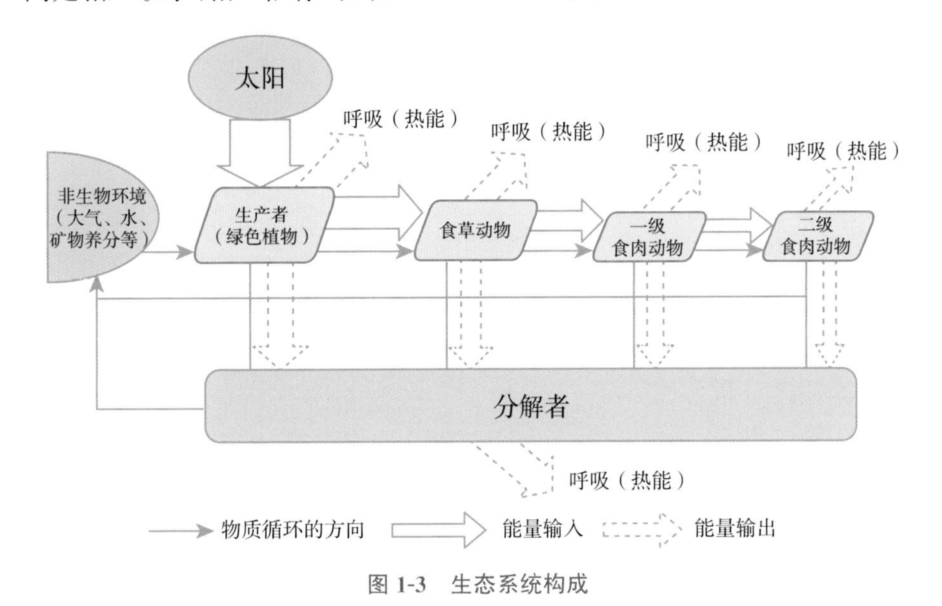

图 1-3　生态系统构成

生产者、消费者在其生命活动中都会产生一些副产物,如枯枝落叶、粪便污水等,这些物质累积起来就会形成废弃物,若得不到分解利用就会形成污染或风险。分解者即能把动植物残体内固定的复杂有机物进一步分解为简单化合物,并释放出能量,这些简单化合物则进入土壤等介质,重新被生产者或消费者利用。分解者的类型有微生物类(细菌、真菌)和异养生物类(小型无脊椎动物、蠕虫)等。细菌是重要的分解者,在自然界中分布很广,许多废弃物的循环都依赖于细菌;不同于细菌,真菌可以利用它们的菌丝去穿透较大的有机物质,是有机废弃物的主要分解者;蚯蚓、蠕虫等则可以将植物残体粉碎，起着加速有机物在微生物作用下分解和转化的作用。如果没有分解者，生态系统中的动植物残体将会堆积成灾，物质将被吸附在有机质中不再参与循环，生态系统的物质循环功能将终止，生态系统将会因资源枯竭崩溃。

1.2.2 物质循环

生态系统的物质循环，又叫作生物地球化学循环，是指 C、H、O、N、P、Ca 等物质元素在无机环境和生物群落间的循环过程。在生态系统中，这些物质从无机环境开始，经生产者、消费者和分解者进行逐级利用和转化，最后再回到无机环境，完成一个由简单无机物质到复杂有机物质，最终又还原为简单无机物质的循环过程。通过物质循环，生物得以生存和繁衍，无机环境得到更新并变得越来越适合生物生存的需要。

生态系统中的物质循环主要包括碳循环、氮循环、磷循环、硫循环和微量养分循环等。

1. 碳循环

碳是构成生态系统最重要的基本元素之一。碳循环是指元素碳在大气碳库、生物碳库、土壤碳库、海洋碳库以及岩石圈碳库之间迁移转化的过程。在自然条件下，大气碳库和生物碳库之间通过生物光合作用和呼吸作用进行碳交换。通过光合作用，生物碳库每年从大气碳库中吸收约 1 200 亿 t 的碳，又通过呼吸作用将其中的一半释放回大气碳库中。而后，通过凋落物，动物粪便、残体等形式，生物碳库每年将约 600 亿 t 碳输入土壤碳库中。最后，土壤碳库可以通过土壤呼吸的形式每年向大气碳库中释放约 600 亿 t 的碳。大气碳库和海洋碳库的碳交换主要发生于海洋表面。自然条件下，每年通过溶解的方式，大气碳库向海洋碳库中大约输入了 1 070 亿 t 的碳，而海洋碳库也会通过解析的方式向大气碳库中输入约 1 050 亿 t 的碳。在海洋底部，海洋中溶解的碳以碳酸岩沉积的形式进入岩石圈（图 1-4）。

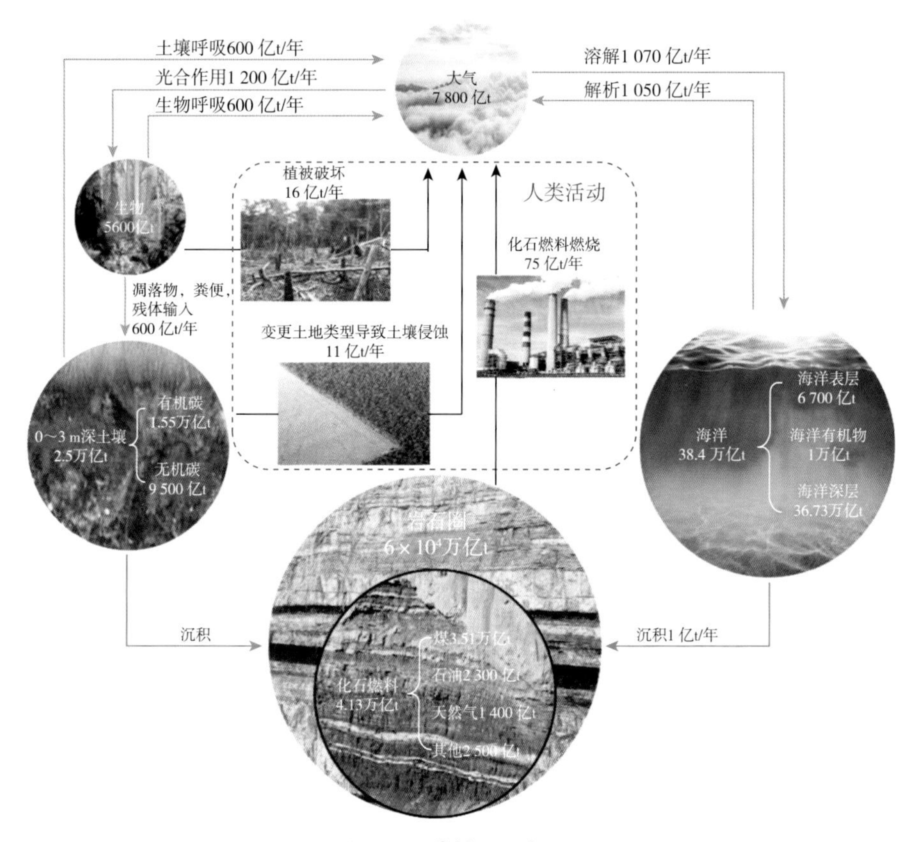

图 1-4　碳循环示意图

人类活动对碳循环有极其重要的影响。自然条件下，碳在岩石圈中能长期稳定地保存下来。然而，由于工业生产和交通运输等需求，岩石圈内稳定存在的化石燃料被开采出来，通过燃烧每年向大气中排放约 75 亿 t 的碳。另外，基于工、农业生产的用地需求，自然森林和草原的开垦改变了土地的利用类型，造成土壤侵蚀和植被破坏，每年向大气中分别排放了 11 亿 t 和 16 亿 t 的碳。因此，人类活动导致大气碳库的碳储量逐年升高，造成了温室效应的增强和全球变暖。

2. 氮循环

氮是生物过程中的基本元素，它存在于所有组成蛋白质的氨基酸中，是构成诸如 DNA 等核酸的四种基本元素之一。氮循环是生物圈内基本的物质循环之一，氮的循环过程较为复杂，与碳循环大体相似，但也有明显的差别，虽然氮气占空气组分的 78%，但是一般生物不能直接利用，必须通过固氮作用才能被植物所吸收(图 1-5)。

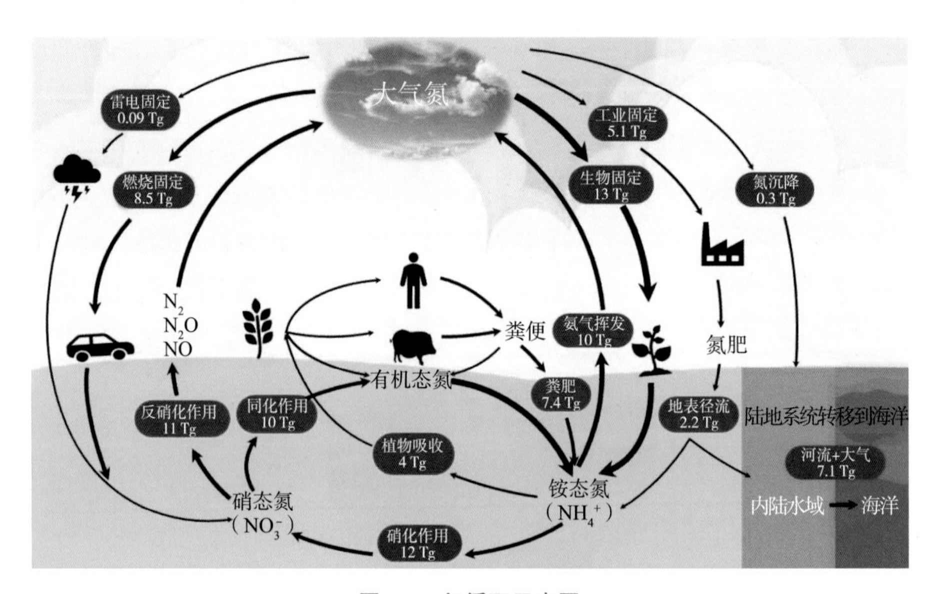

图 1-5　氮循环示意图

自然界中的氮(N_2)转化为化合态氮有三种方法，一是生物固氮：是指固氮微生物将大气中的氮气转换成氨的过程，一些共生细菌和一些非共生细菌能进行固氮作用并以有机氮的形式吸收。二是工业固氮：工业固氮是人类利用化学合成的方法将空气中的氮气转化为氮化合物的过程，最早的工业固氮工艺是在 20 世纪初由弗里茨·哈伯(Fritz Haber)开发的，后来被卡尔·博世改进，所以称之为哈伯-搏工艺。三是化石燃料燃烧：主要由交通工具的引擎和热电站以 NO_x 的形式产生。另外，闪电也可使 N_2 和 O_2 化合形成 NO，是大气化学的一个重要过程，但对陆地和水域的氮含量影响不大。近年来人为固氮量越来越大，人为固氮作用即化学氮肥的生产和应用，大规模种植豆科植物等有生物固氮能力的作物，以及燃烧矿物燃料生成

NO 和 NO_2，估计占全球年总固氮量的 20%～30%，随着世界人口的增多，这一比例将会继续上升。

3. 磷循环

磷是有机体不可缺少的元素。生物的细胞内发生的一切生物化学反应中的能量转移都是通过高能磷酸键在二磷酸腺苷（ADP）和三磷酸腺苷（ATP）之间的可逆转化实现的，磷还是构成核酸的重要元素。磷在生物圈中的循环过程不同于碳和氮，属于典型的沉积型循环。生态系统中磷的来源主要有磷酸盐岩石、沉积物、鸟粪层和动物化石等，这些磷酸盐矿床经过天然侵蚀或人工开采后进入水体和土壤，供植物吸收利用，然后进入食物链。经短期循环后，这些磷的大部分随水流失到海洋，并经过海洋中的各种生物化学过程而残留到沉积层中。因此，在生物圈内，磷的大部分只是单向流动，短期内形不成循环。磷酸盐资源也因而成为一种不能再生的资源，只有经过漫长的地质大循环才有可能重新进入生物循环中（图 1-6）。

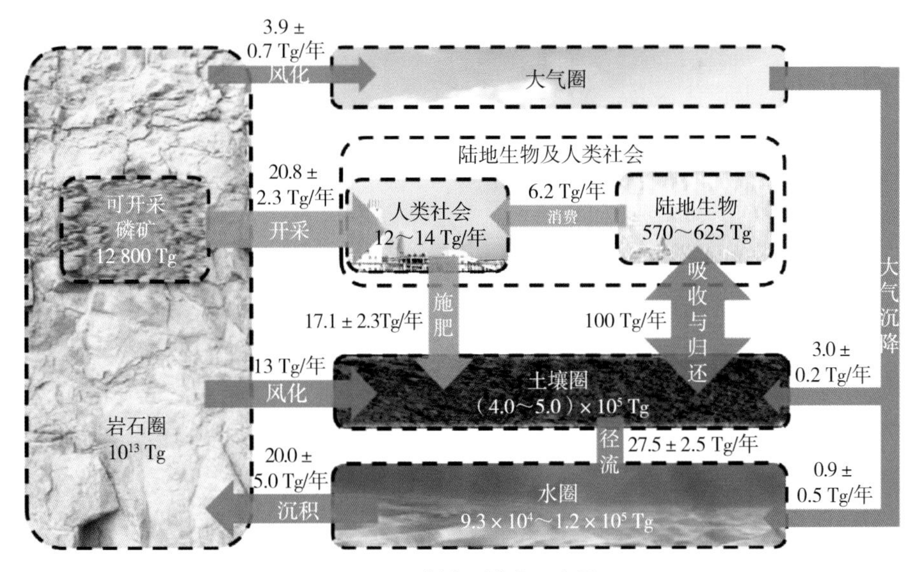

图 1-6　磷循环模式示意图

4. 其他元素

除上述三种元素的循环外，其他元素的循环也十分重要，如硫作为许多蛋白质的重要组成元素，也是多种含硫矿物的组成成分，其循环过程会影响不同生命体和矿物质的形成；钾是地球生命的重要元素之一，所有动植物都需要大量的钾，钾元素的流失使得农业生产需要不断投入钾肥进行补充。这里因为篇幅有限，不再对其他元素进行说明。

1.2.3 能量流动

生态系统中的能量流动离不开物质循环，物质是能量的载体，使能量沿着食物链（网）流动，而能量又作为动力，使物质能够不断地在生态系统和无机环境之间循环往复；能量的流动伴随物质循环，物质的合成和分解过程伴随着能量的储存、转移和释放，两者密不可分。

太阳能是所有生命活动的能量来源，它通过绿色植物的光合作用进入生态系统，然后从绿色植物转移到各级消费者。能量流动的特点是：①单向流动。是指生态系统的能量流动只能从第一营养级流向第二营养级，再依次流向后面的各个营养级，一般不能逆向流动，这是由生物长期进化所形成的营养结构确定的，如狼捕食羊，但羊不能捕食狼。②逐级递减。是指输入一个营养级的能量不可能百分之百地流入后一个营养级，能量在沿食物链流动的过程中是逐级减少的。能量沿食物网传递的平均效率为 10%～20%，即一个营养级中的能量只有 10%～20%的能量被下一个营养级所利用（图 1-7）。

物质循环和能量流动都是借助于生物之间的取食过程进行的，在生态系统中，能量流动和物质循环是紧密地结合在一起同时进行的，它们把各个组分有机地联结成为一个整体，从而维持了生态系统的持续存在。但物质循环和能量流动仍然存在以下不同：

（1）形式不同。能量是以有机物的形式进行流动的，物质循环则以无机

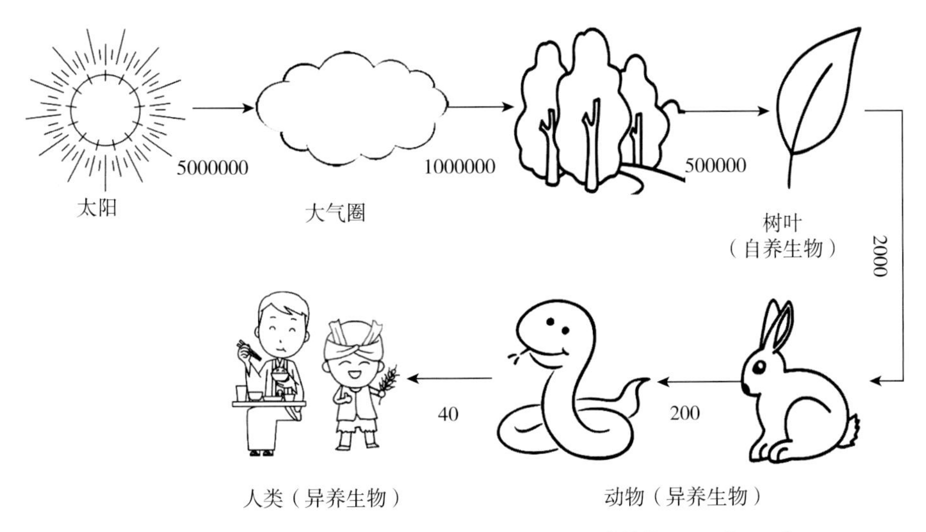

图 1-7 生态系统中的能量循环(陆健健,2007)[单位:J/(m^2·d)]

物及有机物形式流动。

(2)过程不同。能量流动的过程是沿着食物链(网)进行单向流动,物质循环则是在无机环境和生物群落间往复循环。

(3)范围不同。能量流动的范围仅限于生态系统的各营养级,而物质循环则具有全球性。

(4)特点不同。能量流动的特点是单向流动、逐级递减,物质循环的特点是反复出现,循环流动。

1.3 有机循环类型

1.3.1 水陆大循环

水陆大循环是通过水体的循环流动完成的,径流是陆地水循环中最重要的现象之一。从海洋蒸发出来的水蒸气,被气流带到陆地上空,凝结为雨、雪、雹后再回落到地面,一部分被蒸发返回大气,其余部分成为地面径流或地下径流等，最终回归海洋。这种海洋和陆地之间水的往复运动过程称为水的大循环。

在水陆大循环过程中，陆地上的有机废弃物中的养分资源随着雨水流入河流、湖泊等水体，一部分被水体中的植物、动物和微生物吸收，另一部分沉积在水体的淤泥中；若把这些水生生物和淤泥转移到陆地上并被土地利用，这部分资源即可实现水陆之间的物质循环。当进入水体的物质超过水体自身的净化能力时，就会引起水体污染，因此，及时对有机废弃物进行就地处理和资源化利用，防止这些废弃物资源通过雨水进入水陆循环，是保护水体、提高资源利用率的有效途径。

1.3.2 城乡中循环

城乡中循环是指以城市及周边乡村为区域，将城市中产生的厨余垃圾、生活污泥等有机废弃物进行无害化处理后，输送到乡村农田进行利用；同时，乡村可以为城市居民提供新鲜的蔬菜、粮食等食品，以此在城市和乡村间实现“食品—废弃物—农田—食品”循环发展。

城乡循环不仅能解决城市废弃物的资源化利用问题，还能为种植土地提供有机肥料，改善土壤性状，提高农产品品质，可促进城乡一体化发展和乡村振兴。

1.3.3 就地小循环

就地小循环是指对当地产生的废弃物资源进行就地处理和利用，实现有机废弃物的资源循环利用。就地小循环的典型模式主要有零废弃社区、生态农场和生态工业等。生态农场是一种将种植业、畜牧业、渔业等与加工业进行有机联系的综合经营方式，通过利用物种多样化和以微生物科技为核心技术在农林牧副渔多模块间形成整体生态链的良性循环，力求解决环境污染问题，优化产业结构，节约农业资源，提升产出效果，形成良性的生态循环。就地小循环为社区有机废弃物利用、中小规模养殖场、家庭农场等小型生产生活单元提供了很好的发展模式，是国民经济和社会绿色发展的重要途径。

参考文献

国家统计局，生态环境部. 2021. 中国环境统计年鉴(2020). 北京：中国统计出版社.

国家统计局，生态环境部. 2019. 中国环境统计年鉴(2018). 北京：中国统计出版社.

石祖梁，李想，王久臣，等. 2018. 中国秸秆资源空间分布特征及利用模式. 中国人口·资源与环境，28(S1)：202-205.

孙炘，Meicheng Lam，朱婷. 2021. 德国生活垃圾分类管理和资源化经验的启示. 节能与环保，(8)：48-50.

Eugene P. Odum，Gary a. Barrett. 2009. 生态学基础. 5 版. 陆健健，王伟，王天慧，等译. 北京：高等教育出版社.

Jin C，Sun S，Yang D，et al. 2021. Anaerobic digestion：An alternative resource treatment option for food waste in China. Science of The Total Environment，779，146397.

Kaza S，Yao L，Bhada-Tata P，et al. 2018. What a waste 2.0：a global snapshot of solid waste management to 2050. World Bank Publications.

Pay Drechsel，Manzoor Qadir，Dennis Wichelns. 2015. Wastewater Economic Asset in an Urbanizing World. Wastewater，12(1)：3-14.

United States Environmental Protection Agency. 2020. 2018 Wasted food report. Washington：EPA headquarters.

2 有机废弃物处理技术

有机废弃物具有量大面广、性质复杂且营养物质丰富等特点，其处理过程主要遵循无害化、减量化、资源化三个原则。目前我国有机废弃物处理方法可分为物理法、化学法和生物法三大类，而主要处理技术包括肥料化、饲料化、能源化、基料化、材料化等。

填埋和焚烧是典型的物理化学处理方法，目前是处理城乡生活垃圾的主流方式。2010—2019 年卫生填埋占比虽逐年下降（图 2-1），2019 年达 42.19%，但国家发改委、住建部、生态环境部等自 2020 年多次提出，生活垃圾日清运量超过 300 t 的地区，垃圾处理方式以焚烧为主，2023 年基本实现原生生活垃圾零填埋。焚烧占比则从 21.91%上升至 52.48%，十年间增长了近 1 倍。2020 年我国生活垃圾处理方式中，焚烧处理已占到 54%，其他处理技术（以生物处理为主）占比虽然从 2013 年至 2019 年逐渐上升，但一直较低（不足 6%）。

生物处理方法通常包括好氧堆肥、厌氧消化、蛋白提取、蚯蚓养殖等，是利用微生物或其他生物，将固体废弃物中的有机物转化为肥料、能源或其他有用物质的处理过程。生物处理的主要目的是物质能量循环利用和增值产物利用，例如，通过好氧堆肥利用养分资源，可以生产有机肥、培养功能微生

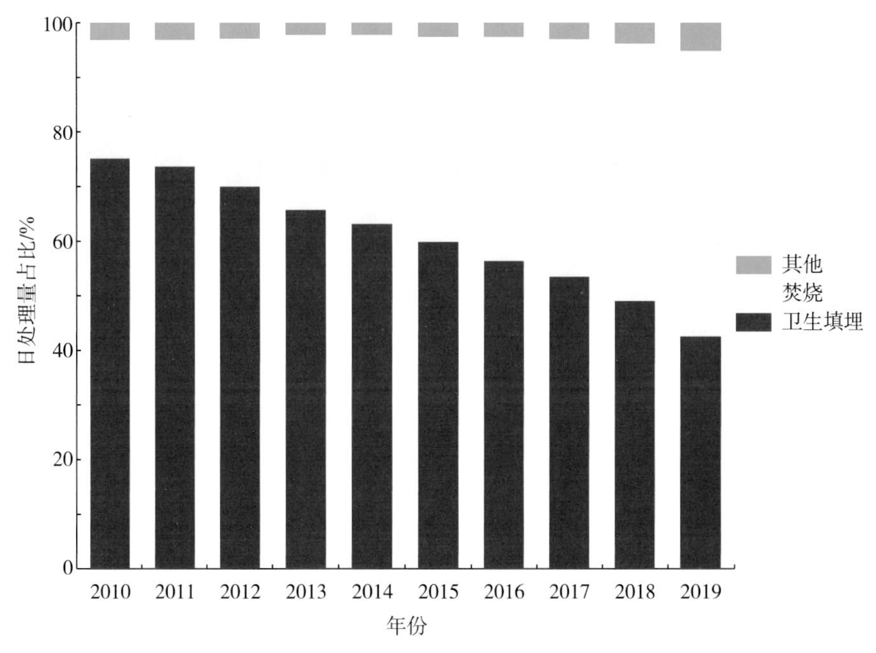

图 2-1 我国 2010—2019 年生活垃圾无害化处理技术占比

[数据来源:国家统计局《中国统计年鉴》(2011—2019)]

物、制取酶制剂等,同时在堆肥过程中还可以降解或调控各种有害物质;通过厌氧消化可以获得代谢过程中的各种产物,如产出沼气去发电,制取多种有机酸类物质及生物乙醇,剩余沼渣再次发酵制作有机肥等;利用昆虫对有机物进行转化可以生产饲料,剩余虫粪也是营养丰富的有机肥。因此,在资源节约、环境友好型社会建设以及实现 3060 双碳目标的大背景下,生物处理技术具有较好的资源化、高值化利用前景。目前,我国有机废弃物处理中,农作物秸秆以直接还田为主,占比超过 80%,饲料化占比约 10%;畜禽粪便以肥料化处理为主,其中好氧堆肥约占 20%、厌氧消化约占 60%;餐厨垃圾以厌氧消化处理为主(约占 80%),而好氧堆肥不足 18%。可见,我国有机废弃物的生物处理技术仍处于简易化阶段,生物处理技术应用的综合占比以及高值化生物处理水平仍需进一步提升。

2.1 填埋

填埋是一种简易的废弃物处理处置方法，本质上是在一定地表空间，对固体废弃物进行的堆放管理，其特点是处理量大、操作简单、经济且适用性强，多应用于经济相对落后且土地资源较为宽裕的地区（席北斗等，2017）。垃圾填埋场是消纳有机废弃物的重要市政基础设施，其处理能力较大，也是有机废弃物“无害化、减量化、资源化”链条上不可或缺的一环（郭广寨等，2005）。

我国垃圾填埋行业的快速发展始于 20 世纪 80 年代初，起初以简易填埋为主，随着人们对环境保护的重视与认知的提升，卫生填埋比例在逐步增加。从 1990 年开始，我国各地的垃圾处理设施建设进入一个高速增长阶段，其中填埋场占比达到 80%，废弃物处理能力得到迅速提升；2000 年后，我国生活垃圾卫生填埋处理能力不断加大，成为城镇固体废弃物处理的主要技术手段（席北斗等，2017），图 2-2 为有机废弃物填埋处理工艺流程。如今，卫生填埋的方式已很成熟，填埋场逐步朝资源化、能源化方面发展。例如：生物反应器填埋技术是近 20 年来发展起来的一种新型填埋技术，通过回灌渗滤液等控制手段，可改善填埋场内部微生化环境，促进垃圾降解，加速垃圾稳定化进程，从而减少渗滤液处理量、缩短产气时间和封场后的维护时间、降低垃圾处理成本，同时厌氧气体回收后，促使了填埋场甲烷气体的能源化利用。

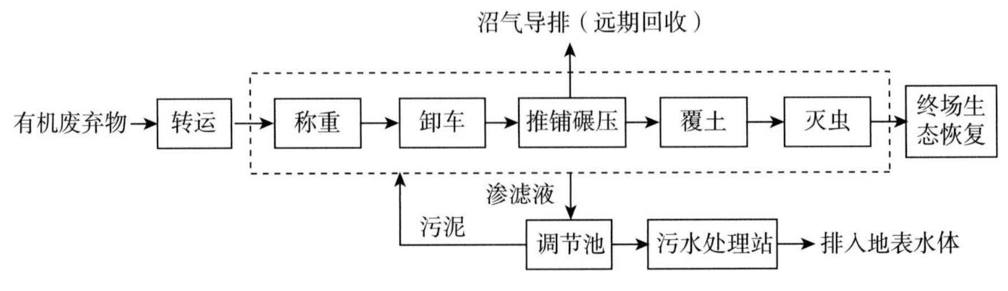

图 2-2 有机废弃物填埋处理工艺流程（王巍等，2008）

填埋可分为简易填埋和卫生填埋。简易填埋是利用坑、塘、洼地，将生活垃圾集中堆在一起，不加掩盖，不进行科学处理的堆填方式，因其占用土地面积大，易导致所属地土壤和地下水源的二次污染，目前基本不再采用。卫生填埋则须具备污染控制的能力，避免填埋废物与周围环境接触，尤其要防止地下水受到污染；另外，要严格选择具有适宜的水文地质结构等条件的场址，填埋场底部须铺设有一定厚度的黏土层或高密度聚乙烯材料，并对地表径流控制、浸出液收集和处理、沼气收集和处理、监测井及覆盖层等进行科学设计。卫生填埋若以填埋物降解进行分类，主要分厌氧、好氧和准好氧3种方式，目前广泛采用的是厌氧式填埋，它具有操作简单，施工费用低，并可回收甲烷气体等特点(范留柱，2007)。

填埋场的局限性也显而易见。填埋场的建设只是固体废物无害化处理过程的开始，更重要的是通过维护和监管，确保填埋场运行和封场后的数十年时间内不要对环境和人类健康产生进一步危害(刘新菊等，2008)。填埋场占地面积大，大量有机物和混入的一些有害物质使卫生填埋场的渗滤液收集处理难度增大，投资成本提高，管理更复杂，同时处理后的污水也难以达标排放。此外，填埋场还面临恶臭、甲烷爆炸等填埋气污染与安全隐患等问题(Rowe and Yu，2012；Luo et al.，2020)。未来，卫生填埋需协同其他处理技术，如污水处理、能源利用等实现节能减排。

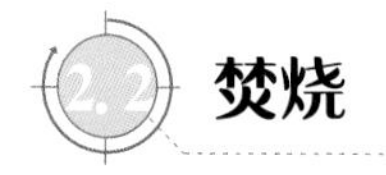

2.2 焚烧

焚烧是一种应用较广泛的垃圾处理方法，它通过适当的热分解、燃烧、熔融等反应，使垃圾经过高温氧化实现减量化和无害化。在焚烧过程中，为了确保垃圾的彻底燃烧、控制二噁英的产生，《生活垃圾焚烧污染控制标准》(GB 18485—2014)要求生活垃圾焚烧温度大于850 ℃，在炉内停留超过2 s。

采用焚烧方法处理城市生活垃圾时，一般都要经过干燥、热分解和燃烧

3 个阶段，最终生成废气和惰性固体残渣(图 2-3)。垃圾焚烧后，一般体积可减少 90%以上，重量减轻 80%以上，高温焚烧后能消除垃圾中大量有害病菌和有毒物质，可有效地控制对环境的二次污染；焚烧后产生的热能可用于发电供热，实现废弃物的能源化利用(图 2-4)，焚烧后固渣多采用填埋或飞灰再次利用处理。因此，生活垃圾焚烧在守护城乡环境、节约土地资源的同时，还产生清洁的可再生电力和热能(张大勇等，2021)。

从 1870 年第一台垃圾焚烧炉在英国出现至今，垃圾焚烧技术经过约 150

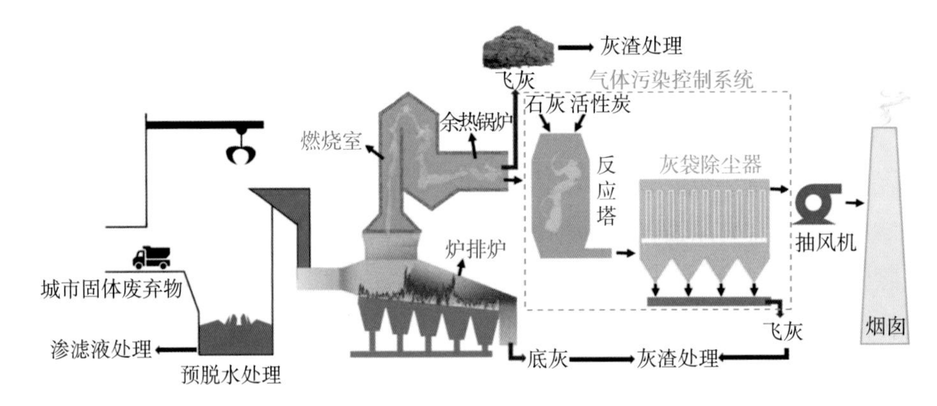

图 2-3 有机垃圾焚烧工艺流程——以生活垃圾为例(Zhang et al.，2021)

垃圾焚烧发电厂

垃圾焚烧处理

智能监控

图 2-4 垃圾焚烧发电项目

年的不断改进,发展了各种各样的焚烧炉型。目前,垃圾焚烧技术主要分为三类:层状焚烧技术、流化床焚烧技术和旋转焚烧技术。常见的几种垃圾焚烧炉型优缺点对比如表 2-1 所示。从 20 世纪 60 年代开始,世界发达国家的垃圾焚烧技术已初具现代化,焚烧炉炉型向多样化、自动化方向发展,焚烧效率和污染治理水平也得到进一步提高;到 20 世纪 70 年代,能源危机引起人们对垃圾产能的兴趣,另外随着人们生活水平的提高,生活垃圾中可燃物、易燃物的含量大幅度增长,提高了生活垃圾的热值,为这些国家应用和发展生活垃圾焚烧技术提供了先决条件;然而进入 20 世纪 90 年代以来,随着人们对垃圾焚烧废气中的有害物质,特别是二噁英、呋喃等给人体健康造成危害的进一步认识,各国对新建垃圾焚烧厂开始持慎重态度,并关注焚烧废气排放控制及污染治理。目前,日本、美国、加拿大、欧洲等发达国家和地区对垃圾焚烧均有所控制,而中国、巴西等发展中国家垃圾焚烧炉则不断增长,成为主要的垃圾处理手段。

表 2-1 各种焚烧炉型的优缺点比较(张益和赵由才,2000)

焚烧炉型	优点	缺点
机械炉排焚烧炉	• 适用大容量 • 公害易处理 • 燃烧可靠 • 运行管理容易 • 余热利用高	• 造价高 • 操作及维修费高 • 应连续运转 • 操作运转技术高
回转窑式焚烧炉	• 垃圾搅拌及干燥性佳 • 可适用中、大容量 • 可高温安全燃烧 • 残灰颗粒小	• 连接传动装置复杂 • 炉内耐火材料易损坏
流化床焚烧炉	• 适用中容量 • 燃烧温度较低 • 热传导较佳 • 公害低 • 燃烧效率较佳	• 操作运转技术高 • 燃料的种类受到限制 • 需添加流动媒介 • 进料颗粒较小 • 单位处理量所需动力高 • 炉床材料冲蚀损坏

近十年来，我国生活垃圾清运量和无害化处理率均保持增长态势，到2020年底，生活垃圾年清运量已达2.35亿t，全国垃圾焚烧发电日处理能力超60万t，年发电量778.3亿kW·h时，年焚烧处理垃圾量约为1.4亿t，生活垃圾焚烧量年均增长18%。并提出到2023年基本实现原生生活垃圾"零填埋"，满足条件的地区加快发展以焚烧为主的垃圾处理方式。"十三五""十四五"期间是我国垃圾焚烧发电行业发展的黄金阶段，东部沿海地区垃圾发电项目布局逐渐趋于饱和，目前正在向中西部省份发展。但随着未来项目的陆续落地，预计"十四五"之后垃圾焚烧发电行业的国内市场容量将趋于饱和。目前，垃圾焚烧处理正朝着绿色、智慧和智能化方向发展，以减少不稳定焚烧带来的污染物问题，并逐步改善和提升垃圾焚烧的烟气排放质量。

2.3 厌氧消化

厌氧消化是有机物在厌氧条件下依靠多种厌氧菌和兼性厌氧菌的共同作用逐级降解，同时伴有甲烷和二氧化碳等气体产生的过程。厌氧消化因能回收利用沼气，所以又称沼气发酵。在厌氧处理过程中不需要供氧，有机物大部分转变为沼气可作为生物能源，更易于实现处理过程的能量平衡，同时也减少了温室气体的排放(Baere，2000)。随着厌氧微生物学研究的不断深入，厌氧消化理论得到了发展和完善(Bolzonella et al.，2003；Zhang et al.，2007)。对厌氧消化过程的认识大致可分为三种学说：厌氧消化两阶段理论、三阶段理论和四阶段理论。根据当前主流的四阶段理论，厌氧消化一般可以分为水解、产酸、产氢产乙酸和产甲烷4个阶段(图2-5)。在厌氧水解菌作用下，大分子有机物质(淀粉、蛋白质、油脂等)水解为小分子有机质(单糖、氨基酸、甘油等)，经过产酸菌的进一步作用转化为乙酸、丙酸、丁酸、乙醇等同时产生少量H_2和CO_2。随后产乙酸菌利用酸化后的产物产生大

量乙酸和 H_2，此时溶液中乙酸量可达 70% 以上，最后产甲烷菌以乙酸和 CO_2 为原料产生沼气（CH_4 和 CO_2）（Morales-Polo et al.，2018）。

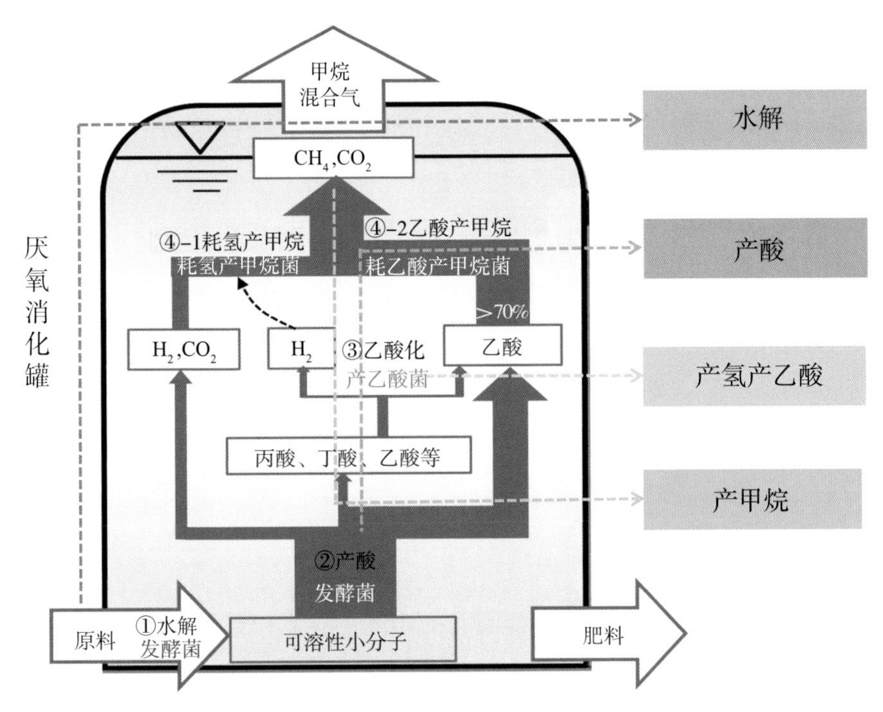

图 2-5 厌氧消化四阶段示意图（刘勇迪，2020）

厌氧消化因运行条件不同可分为不同工艺。根据是否在同一反应器中进行消化可分为单相和两相厌氧消化，依据物料中干物质的含量可分为干式和湿式厌氧消化，按消化温度分为低温、中温和高温厌氧消化，按进料方式则可分为序批式和连续式厌氧消化（裴占江，2015）。

（1）单相和两相厌氧消化。单相厌氧消化是指水解产酸和产甲烷在同一反应器中进行，该工艺操作简单，投资少但易发生酸抑制现象，产气量低；两相厌氧消化则指水解产酸和产甲烷在不同反应器中分开进行，这种方法虽然操作难度较大，设备复杂，但反应器稳定性较高，处理量和产气量都远高于单相体系（Capson-Tojo et al.，2016）。

(2)湿式和干式厌氧消化。当物料含固率≥15%时,底物基本呈黏稠的糊状,流动性极差,称为干式厌氧消化;当物料含固率<15%时,底物流动性良好,称为湿式厌氧消化。水分是影响厌氧消化稳定性的重要因素,过高的含固率容易造成厌氧体系黏稠性增加,进而导致系统崩溃;尽管目前人们提倡使用干式厌氧消化以提高处理规模,但这一工艺容易因酸积累和体系黏稠而导致失败(Li et al., 2011)。

(3)低温、中温和高温厌氧消化。低温(25~35 ℃)厌氧消化不需要高能耗来保持温度,可以得到更高的净能值,但微生物活动缓慢,需要较长的反应时间;中温(35~45 ℃)和高温(45~55 ℃)厌氧消化则需要依靠外源加热进行,废弃物处理效率高,产气量也高(Wang et al.,2021)。

(4)序批式和连续式厌氧消化。序批式厌氧消化是指分批一次性投加物料的工艺,在发酵过程中不再添加新物料,该工艺操作简单,但运行时间长,处理效率较低。连续式厌氧消化是指从投加物料启动开始,经过一段时间发酵稳定以后,每天连续定量地向发酵罐内添加新物料和排出沼渣沼液;与序批式相比该工艺具有处理效率高、运行成本低的特点,但操作较为复杂(Feng et al.,2018)。

以餐厨垃圾为例,其厌氧消化工艺流程如图 2-6 所示。餐厨垃圾车运送来的原料经过分选机,筛选出大粒径杂物后,经油水分离油脂进行外运处理,剩余的有机物经水解池调节含固率后进行初步水解,难溶性大分子有机物在这一过程中开始逐步分解为小分子有机物,然后随管道送至后续封闭式厌氧消化仓进行发酵,产出沼气。沼气中所含的一些硫化物、氮氧化物、二氧化碳等经净化塔吸收提纯后,用于发电、供热等;消化仓内剩余物质经固液分离后得到的沼渣和沼液,含有丰富的有机质,可以制成有机肥用于农业生产。整个过程可实现自动化控制,餐厨垃圾处理和利用率高,沼气产生的电能和热能可以保障设备运行和发酵仓所需温度,并能产生额外的经济和社会效益。

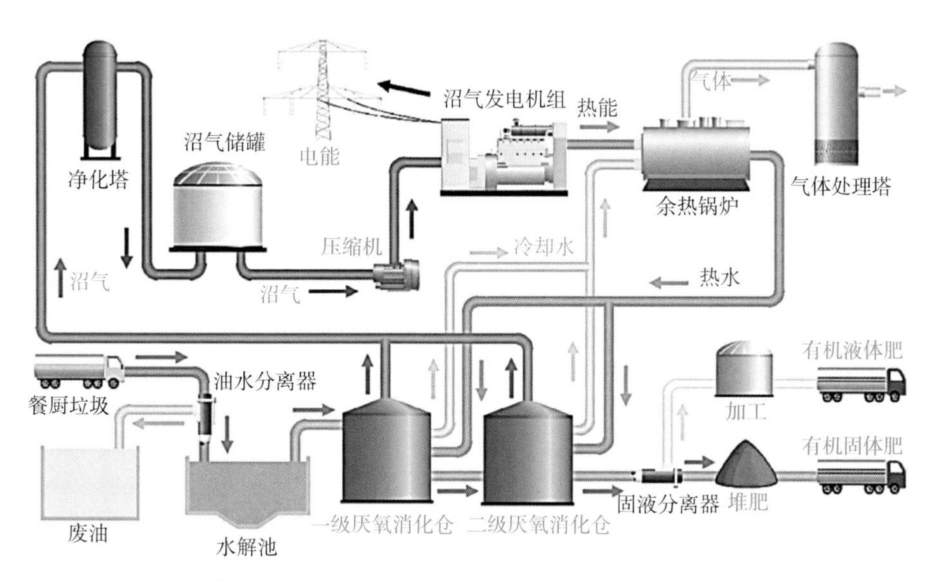

图 2-6　有机废弃物厌氧发酵处理利用工艺流程——以厨余垃圾为例(Jin et al.，2021)

随着废弃物产生量的增加和处理难度的加大，针对不同废弃物协同处理的工艺优化正逐渐成为研究热点(He et al.，2018；Zhang et al.，2018)。

2.4 好氧堆肥

好氧堆肥是指在有氧条件下的微生物发酵过程，与厌氧消化相比，好氧堆肥时间较短、反应较强烈。好氧堆肥通常需要通风和搅拌，以保持较高的氧气浓度。好氧堆肥主要有两类工艺：好氧堆肥和生物干化。

好氧堆肥是指在人工控制和一定的水分、C/N 和通风条件下通过微生物的发酵作用，将废弃有机物转变为肥料的过程。通过好氧堆肥，既可以在堆肥高温期杀死其中病原菌等有害微生物，又能实现有机物分解稳定，消除臭气，最终产生腐熟的资源化产品，如有机肥料、土壤调理剂等，从而达到减量化、资源化和无害化目的(李国学和张福锁，2000)。

生物干化是利用微生物在高温好氧发酵过程中降解有机物所产生的生

物热能，促进物料中水分的蒸发，从而实现快速去除水分的一种干化工艺。生物干化的特点在于不需外加热源，干化所需能量来源于微生物的好氧发酵活动，属于物料本身的生物能，因此是一种经济、节能、环保的干化技术；生物干化的另一个特点是增加了人为调控，包括对物料进行强制通风，从而提高了干化效率、缩短了干化周期(郭松林等，2003)。

生物干化更偏重水分去除，而好氧堆肥则更偏重产品的腐熟，两者区别如表 2-2 所示。

表 2-2 好氧堆肥与生物干化的比较

项目	好氧堆肥	生物干化
投资	中等	较低
占地面积	较大	较小
处理周期	较长，20～35 d	较短，7～16 d
风险	设备运行稳定，无安全隐患	设备运行稳定，无安全隐患
运行成本	较低（每吨湿污泥 80～100 元），取决于电费和调理剂费用	低（每吨湿污泥 60～80 元），取决于电费和调理剂费用
能耗	较低，主要为电耗（每吨湿污泥耗电量＜20 kW·h)	低，主要为电耗（每吨湿污泥耗电量＜15 kW·h)
环境影响	传统堆肥存在恶臭和蚊蝇问题，但是采用智能控制堆肥工艺则可解决	采用实时在线监测和反馈控制，可解决臭气和蚊蝇问题
产品质量	含水率为 35％～45％，充分腐熟，满足制肥要求	含水率约为 35％，满足短期储存和填埋或焚烧要求
产品用途	土地农用、填埋	绿化覆盖土、填埋或焚烧

来源：郭松林等，2010

无论是好氧堆肥还是生物干化，微生物在发酵过程中扮演着分解者的关键角色，其中细菌和放线菌是最主要的微生物类群，且不同阶段、不同空间有不同的微生物群落发挥着作用(席北斗等，2001)，因此一切影响好氧微生物活性的因子都影响着好氧发酵的效率，主要因素包括温度、pH、含水率、供氧量、C/N、有机物含量等(图 2-7)。相关研究表明，好氧发酵最佳含水率为 50％～60％，最佳碳氮比为(25～30)∶1，最佳 pH 为 6.5～8.0，最佳发酵温度为 60～65 ℃，最佳供氧量为 0.1～0.2 $m^3/(min \cdot m^3)$（李季和彭生平，2011；黄国锋等，2003）。

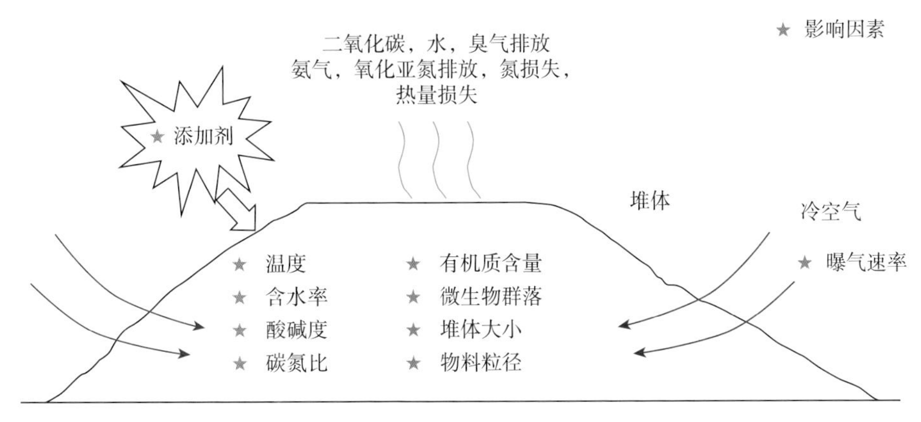

图 2-7 好氧堆肥主要影响因素（赵彬涵等，2021）

好氧堆肥技术起源很早，早在南宋时期我国即有相关的技术描述（Zhan et al.，2021）。国际上堆肥工业化开始于 20 世纪 30 年代，到 90 年代基本成熟，而国内堆肥工业化则始于 20 世纪 70—80 年代。

好氧堆肥工艺流程包括物料预处理、一次发酵、二次发酵和臭气处理等环节，发酵设备主要有条垛式堆肥设备、槽式堆肥设备和反应器堆肥设备三种（李季和彭生平，2011）。条垛式堆肥多采用自然通风、机械翻堆方式，腐熟周期长；槽式堆肥采用强制曝气方式，周期较条垛短；反应器堆肥多采用强制通风方式，周期最短（陈俊等，2012）。目前堆肥产业有从传统条垛向槽式和反应器转变的趋势，并趋于密闭、环境可控和智能化。

好氧发酵工艺依据不同的原料移动方式分为序批发酵与连续发酵，从原料所处状态又分为静态发酵和动态发酵，从发酵历程看则有一次发酵和二次发酵两个步骤。序批发酵通常是静态一次发酵，发酵周期较短；连续发酵则是一种动态发酵工艺，它升温迅速，发酵时间更短（陈林根和姜雪芳，1997）。

目前，好氧发酵存在的问题主要包括：①水分去除慢；②现场臭味较大；

③腐熟周期较长；④需要添加辅料。针对以上问题，好氧发酵应朝着低碳氮比（低辅料）、快速去除水分、快速腐熟，并且能控制臭味产生的方向发展。

通过组合生物干化和好氧发酵工艺，引入微生物接种、智能控制等技术，可以实现多源物料快速好氧发酵，既缩短发酵周期，又保证发酵产品质量，同时减少发酵过程中臭气对环境的影响（图 2-8）。

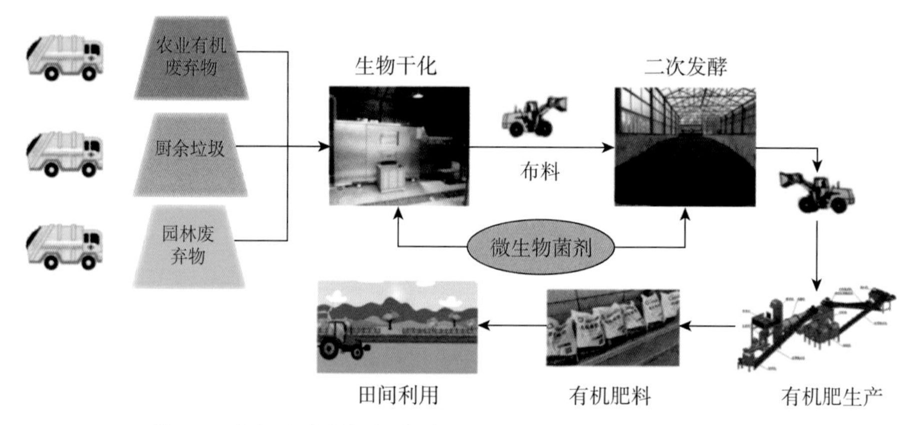

图 2-8　有机废弃物好氧发酵处理利用工艺（Wei et al.，2021）

2.5 腐生生物转化

腐生生物转化主要指利用腐生动物、昆虫等腐食性取食行为转化有机废弃物，现已成为一种新兴的处理方式。

蚯蚓是典型的腐生动物。很早以前，我国人民就认识并开始养殖和利用蚯蚓，那时主要是开发蚯蚓的药用价值。20 世纪 80 年代我国蚯蚓养殖业有过一次高潮，在蚯蚓用于处理垃圾方面积累了丰富的经验。近 20 年来，各国对蚯蚓的研究和利用不断拓展，已形成全球性的蚯蚓产业。美国、法国、澳大利亚等发达国家早在 20 世纪 90 年代初期就建立了利用蚯蚓处理城市垃圾的工厂。近年来国内许多机构也对蚯蚓处理垃圾进行了深入研究，为大范围推广提供了理论依据和技术支撑（孙振钧等，2005）。

蚯蚓堆肥可将废弃物中的有机物转变成腐殖质，经蚯蚓处理过的城市有机垃圾，质量减少69.8%，生物降解率达75.0%，处理后的堆肥中速效氮、速效磷和速效钾含量均增加，有机质含量则有所下降（冯磊等，2006；王惠敏等，2011）。蚯蚓堆肥是一种高效的有机肥料，对促进植物的长势和增产均有积极作用（曹瑞琪，2013；李继蕊等，2013），蚯蚓活体则可用来提取药用物质、制作蛋白饲料、制取复合氨基酸叶面肥等（孙振钧等，2005）。蚯蚓生长产生的虫粪还可制作为富含营养物质的有机肥（李英凯等，2020）。

自然界常见的涉及腐生生物转化的昆虫目前有100余种，如食尸虫、皮蠹等甲虫，专门嗜食各种动物尸体；蜣螂、蝇蛆、黑水虻等昆虫对餐厨、餐余废弃物以及人畜家禽粪便嗜食性较强。目前已开展人工生产的种类有黄粉虫、大麦虫、中华真地鳖、美洲大蠊、家蝇、黑水虻等。与传统厌氧消化、好氧堆肥技术相比，昆虫处理快速、彻底，处理产物附加值高。利用有机废弃物饲养昆虫，昆虫产品可作为蛋白食物，处理后的剩余物可制作有机肥，由此形成循环产业链，是未来有机废弃物处理的重要发展方向（姜慧敏等，2020）。

国外早在1983年，Sheppard等就采用黑水虻来处理猪粪，获得黑水虻幼虫（预蛹）可作为动物饲料（容庭等，2020）；随后陆续研究发现用黑水虻处理牛粪、猪粪和鸡粪，均可转化获得高附加值产品（Rehman et al.，2017；Moula et al.，2018；Xiao et al.，2018）。国内众多研究表明，用黑水虻处理猪粪、鸭粪等动物粪便，除了获得优质蛋白饲料可以替代鱼粉外，还可获得高品质的有机肥，并且转化后粪便的臭味明显消除（陈海洪等，2018；余峰等，2018；胡芮绮等，2017）。养殖黑水虻成本较低，经济效益高，每平方米的场地可养15 kg黑水虻幼虫，一天可吃掉5 kg餐厨垃圾。利用黑水虻处理有机废弃物，既治理了污染，又能获得高附加值产品，环境、经济和社会效益显著（胡芮绮等，2017）。常用昆虫、蚯蚓及转化产物如图2-9所示。

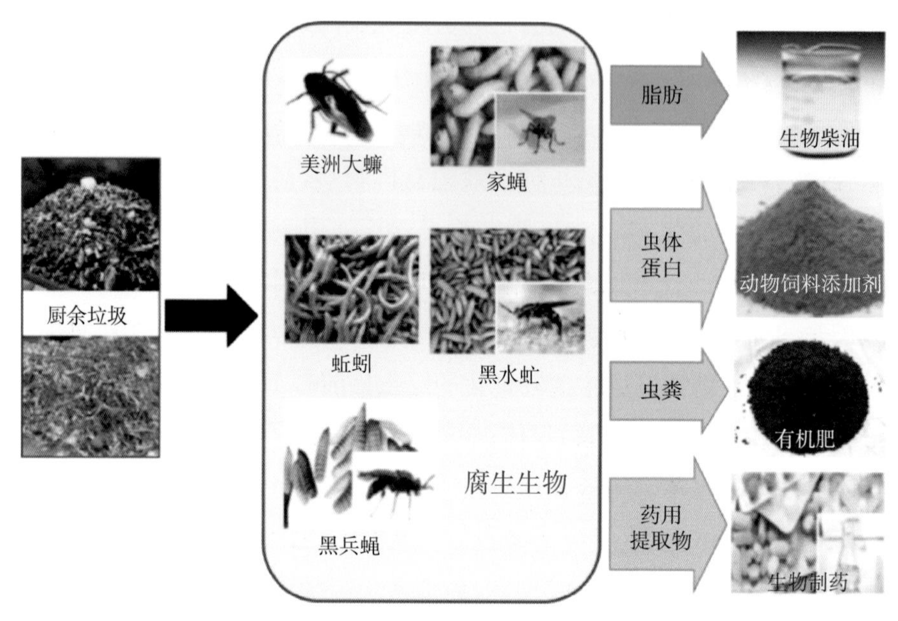

图 2-9　有机废弃物动物处理利用工艺流程——以厨余垃圾为例(蒋建国等,2021)

昆虫繁衍速率快,转化效率高,处理量可观,是一种可持续的经济型废弃物转化方式,发展前景良好。但也存在一些问题制约了该技术的快速发展,如高效转化废弃物昆虫资源的筛选、昆虫饲养中的疾病控制、二次环境污染等,需要进一步提升技术与管理水平。

2.6 总结

随着研究的不断深入与技术的迭代升级,国内外各项有机废弃物处理技术日臻完善。比较而言,填埋处理量大、操作简单、经济适用,但会占用大量土地,并因产生沼气和渗滤液存在二次污染风险,未来有机废弃物填埋将逐步实现“零填埋”;焚烧处理效率高、减量明显,还可产生清洁能源,但因尾气排放也存在二次污染风险,随着国家双碳战略的推进,焚烧面临排放标准提升压力;厌氧消化处理规模大、可生产生物能源,但处理周期相对较长,沼液沼渣后续利用成为一大制约；好氧堆肥养分资源利用程度高，可实现土壤固碳，但也存在处理规模较小、自动化程度低、臭味控制不好等问题；腐生生物转化作为一种新兴处理方式，可较快处理转化有机废弃物并产生高附加值的饲料等产品，但对于生产过程中昆虫疾病控制、二次环境污染以及规模化等问题也需要加以解决。

在未来生态文明和“碳达峰、碳中和”政策背景下，上述不同技术均需要进一步完善和升级，以满足用户对有机废弃物处理的不同需求，并体现技术先进、成本经济和环境友好等多重目标。针对不同地域、不同类型和不同场景，应不局限于单一处理技术，需要开发多途径处理技术耦合工艺，以实现有机废弃物的无害化、减量化和资源化，服务于循环经济社会的建立。

参考文献

曹瑞琪. 2013. 蚯蚓堆肥对餐厨垃圾的肥料化处理和生态综合利用评估. 实验技术与管理，30(11)：83-86.

陈海洪，张磊，张国生，等. 2018. 黑水虻处理新鲜猪粪效果初探. 江西畜牧兽医杂志，(4)：25-28.

陈俊，陈同斌，高定，等. 2012. 城市污泥好氧发酵处理技术现状与对策. 中国给水排水，28(11)：105-108.

陈林根，姜雪芳. 1997. 固体有机废物好氧堆肥发酵工艺概述与展望. 环境污染与防治，(2)：35-38.

范留柱. 2007. 国内外生活垃圾处理技术的研究现状及发展趋势. 中国资源综合利用，(7)：26-28.

冯磊，Bernhard R，李润东，等. 2006. 城市有机垃圾蚯蚓堆肥处理的实验研究. 江苏环境科技，(4)：10-12.

郭广寨，朱建斌，陆正明. 2005. 国内外城市生活垃圾处理处置技术及发展趋势. 环境卫生工程，(4)：19-23.

郭松林，陈同斌，高定，等. 2010. 城市污泥生物干化的研究进展与展望. 中国给水排水，26(15)：102-105.

胡芮绮，张连帅，张吉斌. 2017. 亮斑扁角水虻. 生物资源，39(4)：314.

黄国锋，吴启堂，黄焕忠. 2003. 有机固体废弃物好氧高温堆肥化处理技术. 中国生态农业学报，(1)：165-167.

姜慧敏，王文霞，任苗苗，等. 2020. 黑水虻转化厨余垃圾过程中病原菌灭活规律的研究与综合评价. 环境科学学报，40(3)：1011-1022.

蒋建国，耿树标，罗维，等. 2021. 2020年中国垃圾分类背景下厨余垃圾处理热点回眸. 科技导报，39(1)：261-276.

李国学，张福锁. 2000. 固体废物堆肥化与有机复混肥生产：北京：化学工业出版社.

李季，彭生平. 2011. 堆肥工程实用手册：北京：化学工业出版社.

李继蕊，史庆华，王秀峰，等. 2013. 鸡粪-牛粪蚯蚓堆肥对黄瓜幼苗生长及产量的影响. 中国蔬菜，(22)：52-58.

李英凯，王亚利，杨晓磊，等. 2020. 蚯蚓堆肥处理畜禽粪便的影响因素及其产物的应用综述. 环境工程，38(1)：162-166,127.

刘新菊，曲东. 2008. 城市固体废物处理模式研究进展. 化学工程师，(7)：38-40,49.

刘勇迪. 2020. 载体强化玉米秸秆厌氧消化产甲烷及机制研究. 南京：南京工业大学.

裴占江. 2015. 餐厨垃圾厌氧消化效率研究. 沈阳：沈阳农业大学.

容庭，张洁，刘志昌，等. 2020. 经济昆虫和蚯蚓处理农业废弃物研究进展. 广东畜牧兽医科技，45(6)：11-15.

孙振钧，李明洋. 2005. 蚯蚓产业化开发项目. 农村实用工程技术. 农业产业化，(6)：24-26.

王惠敏，周艳红，范例，等. 2011. 利用蚯蚓处理农业废弃物及其肥效研究. 河北农业科学，15(10)：60-63.

王巍，杨世祥. 2008. 浅谈城市生活垃圾的卫生填埋及治理措施//中国环境科学学会. 中国环境科学学会学术年会优秀论文集(中卷). 中国环境科学学会，470-473.

席北斗，刘东明，李鸣晓，等. 2017. 我国固废资源化的技术及创新发展. 环境保护，45(20)：16-19.

席北斗，刘鸿亮，孟伟，等. 2001. 高效复合微生物菌群在垃圾堆肥中的应用. 环境科学，22(5)：122-125.

余峰，夏宗群，管业坤，等. 2018. 黑水虻处理鸭粪效果初探. 江西畜牧兽医杂志，(2)：15-17.

张大勇，王乐乐，刘洪荣. 2021. "十四五"生活垃圾焚烧发电行业发展趋势分析. 建设科技.(17)：38-41.

张益，赵由才. 2000. 生活垃圾焚烧技术. 北京:化学工业出版社.

赵彬涵，孙宪昀，黄俊，等. 2021. 微生物在有机固废堆肥中的作用与应用. 微生物学通报，48(1)：223-240.

Baere D E. 2000. Anaerobic digestion of solid waste: state-of-the-art. Water Science & Technology, 41: 283-290.

Bolzonella D, Battistoni P, Mata-Alvarez J, et al. 2003. Anaerobic digestion of organic solid wastes: process behaviour in transient conditions. Water Science & Technology, 48(4): 1-8.

Capson-Tojo G, Rouez M, Crest M, et al. 2016. Food waste valorization via anaerobic processes: a review. Reviews in Environmental Science and Bio/Technology, 15(3): 499-547.

Feng K, Li H, Zheng C. 2018. Shifting product spectrum by pH adjustment during long-term continuous anaerobic fermentation of food waste. Bioresource Technology, 270: 180-188.

He J, Wang X, Yin X, et al. 2018. Insights into biomethane production and microbial community succession during semi-continuous anaerobic digestion of waste cooking oil under different organic loading rates. AMB Express, 8(1):92.

Jin C, Sun S, Yang D, et al. 2021. Anaerobic digestion: An alternative resource treatment option for food waste in China. Science of The Total Environment, 779: 146397.

Li Y, Park S Y, Zhu J. 2011. Solid-state anaerobic digestion for methane production from organic waste. Renewable and Sustainable Energy Reviews, 15(1): 821-826.

Luo H W, Zeng Y F, Cheng Y, et al. 2020. Recent advances in municipal landfill leachate: A review focusing on its characteristics, treatment, and toxicity assessment. Science of The Total Environment, 703: 135468.

Morales-Polo C, Del Mar Cledera-Castro M, Moratilla Soria B Y. 2018. Reviewing the Anaerobic digestion of food waste: from waste generation and anaerobic process to its perspectives. Applied Sciences, 8(10): 1804. 36.

Moula N, Scippo M L, Douny C, et al. 2018. Performances of local poultry breed fed black soldier fly larvae reared on horse manure. Animal Nutrition, 4(1) : 73-78.

Rehman K U, Rehman A, Cai M, et al. 2017. Conversion of mixtures of dairy manure and soybean curd residue by black soldier fly larvae (*Hermetia illucens* L.). Journal of Cleaner Production, 154: 366-373.

Rowe R K, Yu Y. 2012. Clogging of finger drain systems in MSW landfills. Waste Management, 32(12): 2342-2352.

Wang H, Lim T T, Duong C, et al. 2021. Long-term mesophilic Anaerobic co-Digestion of swine manure with corn stover and microbial community analysis. Microorganisms, 8(2): 188.

Wei Y, Wang N, Lin Y, et al. 2021. Recycling of nutrients from organic waste by advanced compost technology-A case study. Bioresource Technology, 337: 125411.

Xiao X, Mazza L, Yu Y, et al. 2018. Efficient co-conversion process of chicken manure into protein feed and organic fertilizer by *Hermetia illucens* L. (Diptera: Stratiomyidae) larvae and functional bacteria. Journal of Environmental Management, 217: 668-676.

Zhan Y, Wei Y, Zhang Z, et al. 2021. Effects of different C/N ratios on the maturity and microbial quantity of composting with sesame meal and rice straw biochar. Biochar, 3(4): 1-8.

Zhang M, Gao M, Yue S, et al. 2018. Global trends and future prospects of food waste research: a bibliometric analysis. Environmental Science and Pollution Research, 25(25): 24600-24610.

Zhang R, El-Mashad H M, Hartman K, et al. 2007. Characterization of food waste as feedstock for anaerobic digestion. Bioresource Technology, 98: 929-935.

Zhang Y Y, Wang L, Chen L, et al. 2021. Treatment of municipal solid waste incineration fly ash: State-of-the-art technologies and future perspectives. Journal of Hazardous Materials, 411(5):125-132.

3 有机废弃物资源化

废弃物资源化是指将废弃物加工处理转化为有价值的产品的过程。有机废弃物主要的资源化方向有：肥料化、饲料化、能源化、基料化和材料化（图 3-1）。不同的有机废弃物可能具有多种资源化利用的潜力，但因技术经济条件等因素的制约，在某个阶段适合开发的资源化方向也不同。如牛粪，多数人认为它比较适合做肥料化利用，但在西藏等干燥且缺乏能源的地区，牛粪多数是被风干做能源化利用。

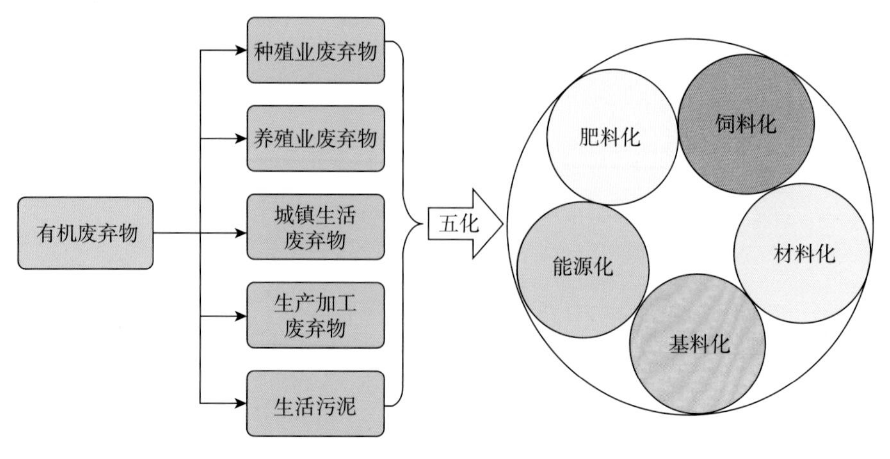

图 3-1　有机废弃物资源化途径

3.1 肥料化

肥料化就是把废弃物转化成肥料的过程。可以做肥料的有机废弃物很多,通常含有一定营养元素的有机废弃物都具有转化为肥料的潜力。根据测算,2016 年我国城乡有机废弃物中养分储量约折合 N 3 000 万 t、P_2O_5 1 300 万 t 和 K_2O 3 000 万 t,氮磷钾养分总量约 7 300 万 t,超过全年使用化肥的养分总量(约 6 000 万 t)。

肥料化的技术很多,我国自古代就有将各种废弃物进行堆沤制作成有机肥的传统,宋代的陈旉农书中将传统的堆沤技术进行总结形成了堆肥技术的雏形,近现代以来工业化堆肥技术得到了长足发展,发展出越来越多的高效反应器装备,并将该类技术称为好氧发酵技术。与好氧发酵技术对应的还有厌氧发酵或厌氧消化技术,其产生的沼渣和沼液均可做肥料。

废弃物经过适当的发酵处理可实现充分腐熟,形成对土壤具有营养价值的堆肥和有机肥,还可以在此基础上进一步加工成颗粒肥、某种作物的专用肥,或针对某种土壤的调理剂等,也可以制作成花卉、苗木、蔬菜以及屋顶花园等的园艺栽培基质,更好地实现资源化价值。

有机废弃物肥料化方式可根据各地自然条件、种植方式等有不同的选择(田慎重等,2018)。如分散的农户因废弃物量较少,可采用简单堆沤的方式,大型养殖场的粪便处理可采用槽式堆肥的方式,而对于臭气较敏感区域的废弃物肥料化处理更适合采用密闭反应器的方式等。有机废弃物的肥料化产品以固体形式为主,包括堆肥、有机肥、栽培基质、土壤调理剂等。但也有一些废弃物被加工成液体肥料的形式,如沼液、堆肥茶、酵素等。

3.1.1 堆肥与有机肥

堆肥是在一定的水分、C/N 和通风等人工控制条件下,通过微生物的作用,将有机废弃物进行无害化、稳定化的过程(李季等,2011)。

在堆肥过程中，有机废弃物经过好氧分解和腐殖化过程转化为稳定的腐殖质，其堆肥产品水分含量一般在35%～40%，且含有大量的有益微生物，对土壤改良和质量提升具有重要作用（图3-2）。

未添加堆肥产品的造林前的盐碱地

添加堆肥产品的造林后的盐碱地

图3-2 堆肥对土壤结构的改善作用（张璐，2020）

堆肥是有机废弃物资源化的有效途径，目前关于有机废弃物的堆肥技术标准已出台一些，包括农业农村部《畜禽粪便堆肥技术规范》（NY/T 3442—2019），住建部《生活垃圾堆肥处理技术规范》（CJJ 52—2014），黑龙江省《农村有机生活垃圾集中堆肥技术标准》（DB23/T 3005—2021），生态环境部的《生物质废物堆肥污染控制技术规范》也即将出台。在人们对环境质量要求日益提高的新形势下，堆肥技术也将进入规范发展阶段，全面服务于废弃物的资源转化。

一般理解，堆肥是有机肥生产的基础，也是最重要的一段工序，生产有机肥必须经过堆肥发酵腐熟这样一个阶段。当然堆肥要转变为商品有机肥还需符合农业行业标准《有机肥料》(NY/T 525—2021)。

3.1.2 育苗和栽培基质

基质栽培是保护性栽培中一项重要的技术措施，可以有效避免土传病虫害及其产生的连作障碍，养分利用率也高，还可节水且生产条件可控，已在世界100多个国家得到推广应用(林天杰 等，2000；毛妮妮 等，2007)，有机废弃物发酵腐熟产生的堆肥可直接或混配后用作植物育苗生产和无土栽培的基质。

目前，用于植物育苗的基质主要以泥炭为主料，但泥炭属于不可再生资源，而利用有机废弃物堆肥生产的栽培基质富含有机质和营养元素，也兼具保温、保湿、透气、营养均衡等功能(郑冰，2020)，可以作为泥炭的替代产品(图3-3)。此外，基质还可以被广泛应用于育苗、盐碱土改良、城市和公路绿化、草坪建植、大树移栽、园艺苗圃、屋顶花园、盆栽花卉等场合，可改良并活化土壤，提升土壤有机质等(宋鹏慧，2015)。近几年随着我国机插秧面积逐年增加，水稻育秧基质需求量也在逐年提高，可见有机废弃物基质化有望解决栽培基质材料短缺、泥炭资源枯竭等问题，具有良好的发展前景。

传统花木和草坪生产多占用大量耕地，不仅与粮食作物争地，还导致肥沃土层散失、土地资源严重退化。而用基质种植草坪不但避免了土壤的退化，而且因不断更新的基质养分丰富，草皮根系发达，且场地选择更灵活，因此，草坪基质栽培也是废弃物肥料化的方向之一(图3-4)。

图 3-3　植物栽培基质(马伟等,2020)

图 3-4　草皮基质栽培(刘洪涛等,2012)

3.1.3　液体肥

沼液是有机废弃物经发酵后形成的褐色明亮的液体,含有植物生长所需要的多种养分、丰富的氨基酸及各种生长素等,它不仅能作为营养液应用于叶面喷施，还可用于浸种、拌营养土及做保花保果剂、无土栽培母液，种养花卉等。一般的沼液中全氮含量比堆沤肥高 40%～60%，全磷含量比堆沤肥高 40%～50%，全钾含量比堆沤肥高 80%～90%，作物利用率比堆沤肥高 10%～20%(史玉红 等，2012)。沼液中高含量的腐殖质在土壤团聚体的形成中有着重要作用，还能够提高土壤中有机质的含量，提升有效磷，总磷以及总氮等养分含量，从而减少污染和降低肥料成本。施用沼液还可以改良滨海盐碱土壤性状，改善土壤的酸碱度，提高土壤的肥力。另外，沼液中的氨基酸易于被作物吸收，并有提高作物抗病性、改善作物品质的功能。

堆肥茶是将堆肥用水浸泡 3～4 天后分离出来的液体(图 3-5)，含有大量营养成分和活性微生物，使用堆肥茶可以抵消化学肥料带来的不良影响，并促进有益的昆虫和微生物生长，改善土壤结构，提升土壤透气性和保水性等作用(张祥等，2019；欧志鹏等，2012)。

图 3-5　堆肥茶(刘霓红等，2019)

酵素是以动物、植物、菌类等为原料，添加或不添加辅料，经微生物发酵制成的含有特定生物活性成分(包括多糖类、寡糖类、蛋白质及多肽、氨基酸类、维生素类)的产品。农用植物酵素其本质是微生物利用植物源有机废弃物发酵而成的发酵液，含有营养成分、代谢活性物质与有益微生物菌群，是具

图 3-6　用菠萝皮制作的添加土著菌酵素(王明芳,2021)

有多元复合功能的生态产品(图 3-6)。农用植物酵素富含有益微生物,能有效平衡土壤微生物,可作为叶面肥、滴灌肥、生物农药和分解菌剂等应用于农业生产。如乳酸菌等能抑制病原菌,防治作物病害,促进健康的土壤形成(耿健等,2011;张梦梅等,2017)。其中的植物乳杆菌、嗜酸乳杆菌、干酪乳杆菌等均能抑制病原菌,防治作物病害,促进健康的土壤形成(闫艳华等,2014;余瑛等,2006)。

3.2 饲料化

有机废弃物的饲料化是指将有机废弃物转化成动物(包括各种经济性养殖的畜禽渔等)可以安全利用的饲料产品的过程,主要分为植物纤维性废弃物的饲料化和动物性废弃物的饲料化。植物纤维性废弃物主要是作物秸秆类物质,秸秆中的木质素与糖结合在一起使得瘤胃中微生物及酶很难分解,并且蛋白质低及其他必要营养缺乏,导致直接饲喂不能被动物高效吸收利用,需要对其进一步的加工处理改进其营养价值、提高适口性和利用率。动物性废弃物主要包括畜禽鱼类等的残体、粪便和其中含有未消化的粗蛋白、粗脂肪、粗纤维、消化蛋白、矿物质以及维生素等,经过热喷、发酵、干燥等方法处理后掺入饲料中饲喂利用,该技术需要特别注意灭菌彻底以消除饲料安全隐患。大力推进有机废弃物饲料化利用,解决饲料短缺和减少进口依赖,是畜牧业健康可持续发展的重要途径之一。

3.2.1　青贮饲料

青贮饲料是把青饲料切碎,填入青贮窖或塔内压紧、密封,经乳酸菌等微生物发酵制成，也可以将畜禽粪便同青绿饲料一同进行厌氧发酵，从而达到保存饲料营养成分的目的。多数的秸秆类废弃物如玉米、高粱、黑麦草、芦苇、水草、牧草等都可作为青贮饲料的原料，一般是秸秆等原料收割后，立即在缺氧环境下贮藏，控制含水量为60%～75%，利用乳酸菌发酵，使饲料pH降低，从而抑制其他微生物繁殖。另外一种叫低水分青贮，即将秸秆等原料收割后，放置数天使含水量低于50%，然后再缺氧贮存。这样发酵形成的饲料，即为青贮饲料，其营养丰富，并且发酵会形成酒香味和轻微酸味，适口性提高，同时由于青贮方法氧气含量很少，因此还可以减少病害微生物和寄生虫的存在，使其失活。并且，青贮处理制作方便，成本小，不受气候和季节限制，可以充分利用当地的饲草资源，提高养殖经济效益。青贮饲料制作过程如图3-7所示。

3.2.2 蛋白饲料

以往农村地区人们多将餐厨垃圾直接用于养猪，由于动物同源性的风险，该方式已被禁止。但有机废弃物经过微生物（如酵母菌等）发酵或昆虫蠕虫等（如黑水虻、蚯蚓等）转化成蛋白后是可以作为安全优质饲料的。例如，通过黑水虻幼虫对畜禽粪便和餐厨垃圾的摄食，可生产高价值动物蛋白饲料，幼虫成虫也可作为鱼类和禽类的良好蛋白来源，是一种虫体蛋白饲料（Bosch G et al.，2019）（图3-8）。牛粪、猪粪及厨余垃圾等废弃物都可以通过蚯蚓养殖转化成蚯蚓蛋白，同时生产蚯蚓堆肥，如浙江某生态养殖场建立的猪—蚓—鳖循环链就是将猪粪经蚯蚓转化后作为甲鱼的饲料，取得了很好的效果。黑水虻作为资源昆虫，可食用部分高达80%，饲料转化率是家畜的2～12倍，养殖时间短，成本低，获得的产物价值高，而蚯蚓除了可以做蛋白饲料外，还是很好的生物化工原料，可进一步加工蚓激酶等药物产品。这类技术不仅实现了废弃物的饲料化，还可以获得经蚯蚓或昆虫转化后蚓（虫）粪肥料等产品，具有良好的经济效益（图3-9）。

图 3-7　青贮饲料制作过程(倪奎奎,2016)

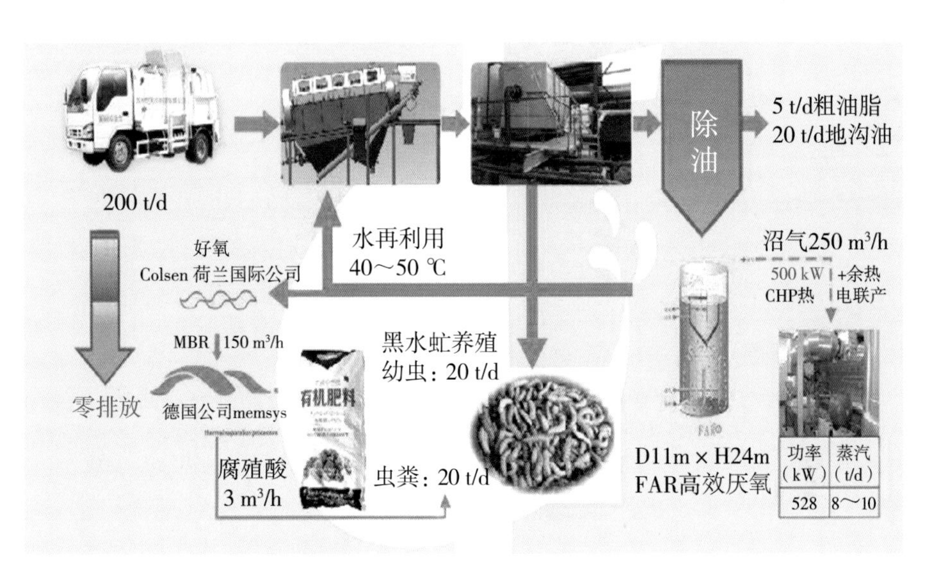

图 3-8　黑水虻的生态循环农业模式（许耘凡和卢勇，2021）

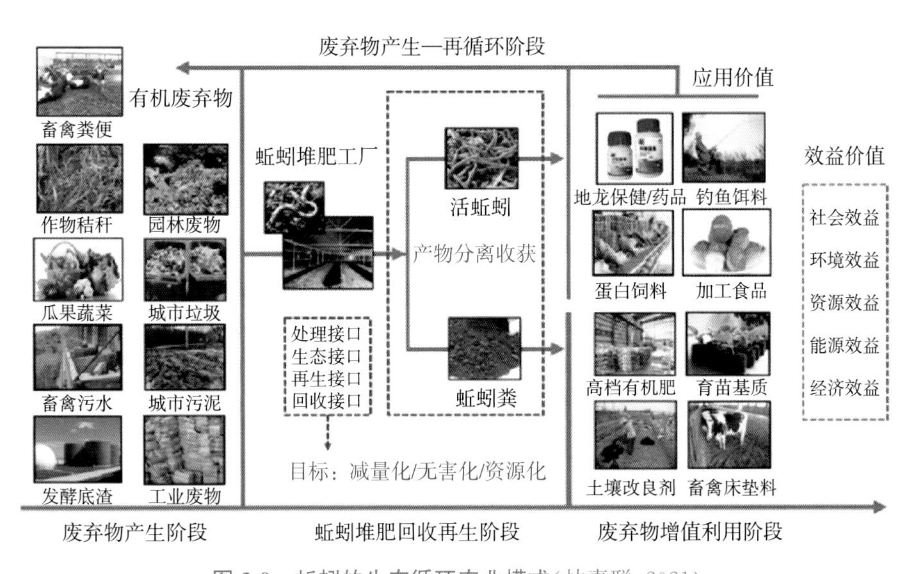

图 3-9　蚯蚓的生态循环农业模式（林嘉聪，2021）

另外，也可以通过固态发酵的方法对有机废弃物进行饲料转化，就是先将有机废弃物经过预处理制成固态基质，然后按照比例加入发酵菌种，在一定条件下进行发酵，发酵结束后检测其成分含量，评判是否符合饲料行业标准，并对安全性进行严格评估。还可以对发酵条件进行优化，如温度、pH、菌种配伍比例等，以获得最佳发酵效果。比如研究通过不同菌种组合考察对发酵餐厨垃圾生产蛋白饲料的影响，确定解淀粉芽孢杆菌、蜡状芽孢杆菌、热带假丝酵母和解脂假丝酵母混合发酵的方式，同时得到各菌种为 2：2：1：1，对发酵工艺采用正交试验优化后，得到最佳发酵工艺为餐厨垃圾和麸皮添加质量比为 80：20，接种量为 5%，发酵温度 36 ℃，发酵时间为 72 h（梁静波等，2015）。

此外，还有许多有机废弃物可直接进行循环利用，如叶菜类的残余物多数可直接用于食草动物的养殖，也可以烘干或冻干等简单处理后利用等。还有一些农产品加工的废物（如豆粕等）也可以进行直接的利用等。

3.3 能源化

能源化是指将有机废弃物以能源的方式加以利用的过程。有机废弃物富含有机物质，具有大量的化学潜能，据估算我国 2016 年城乡有机废弃物中所含的有机碳相当于 10 亿 t 标准煤的能量，可称为生物质能，也就是以生物质为载体的能量（李龙涛等，2019）。生物质能是直接或间接地通过光合作用把太阳能转化为化学能的形式，固定或储藏在生物体中的能量（顾树华等，2001）。生物质能的利用途径很多，包括直接燃烧、制成成型燃料、生物质气化或液化燃料，或经过发酵制成沼气、生物乙醇或氢等燃料（图 3-10），目前有机废弃物能源化利用在发电、气体燃料、液体燃料和固体燃料方面都已经产业化，为能源结构的转型和经济社会的可持续发展奠定了产业基础（陈天宇等，2019；Wang C B et al.，2019）。

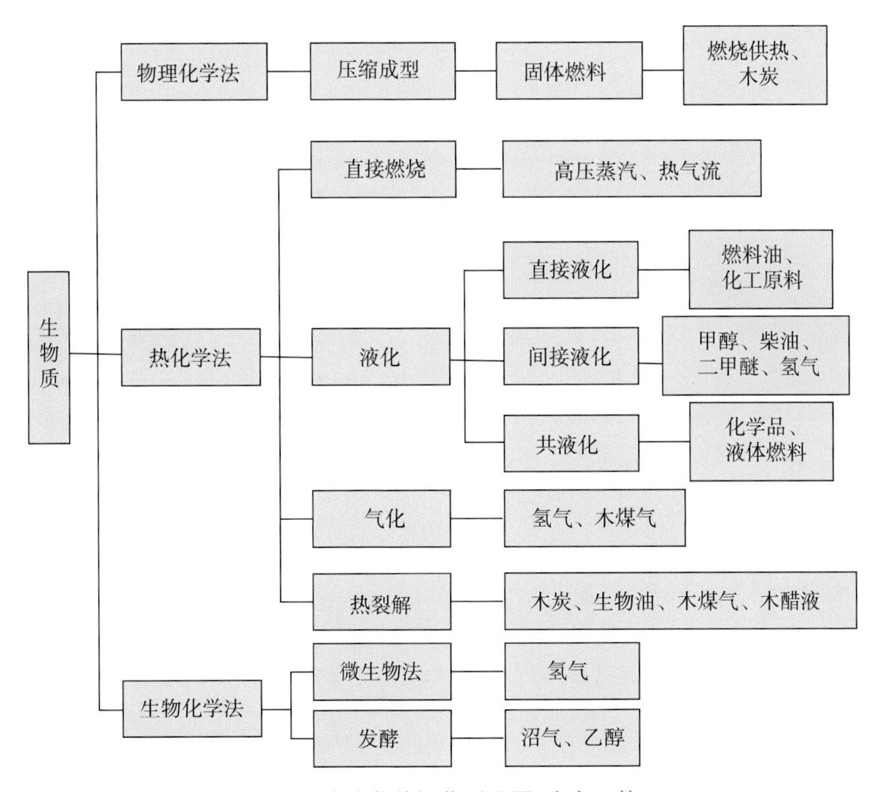

图 3-10　有机废弃物能源化利用图(张东旺等,2021)

3.3.1　生物天然气(气体燃料)

生物天然气是以农作物秸秆、畜禽粪便、厨余垃圾、农副产品加工废水等各类城乡有机废弃物为原料,经厌氧发酵和净化提纯产生的绿色低碳的天然气,也称沼气。它可以直接作为石化天然气的替代燃料,已成为一些地区天然气供应的一个重要方面。沼气提纯生物天然气可实现沼气的高值化利用,有效减少因沼气排空造成的温室效应,具有环保和能源双重效益(图 3-11)。

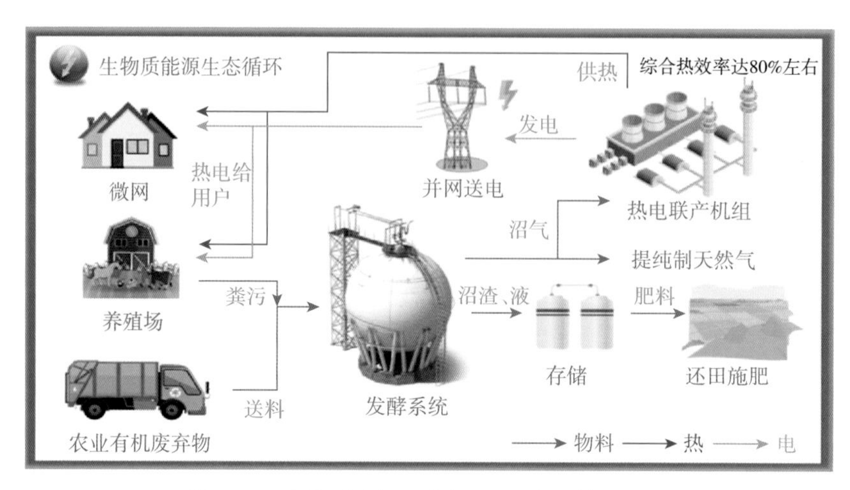

图 3-11　生物质能源生态循环（刘代城等，2019）

3.3.2　液体燃料（生物酒精、生物柴油）

有机废弃物在完全缺氧情况下快速加热裂解为液体燃料、少量的焦炭和可燃气体，其能量密度得到大幅提高。快速热解液化的液体燃料易存贮、运输，用途非常广泛。既可以作为燃料油直接燃烧，也可以提质后单独或与化石燃料混合用于内燃机等的动力驱动。

生物乙醇是指各种生物质在特定条件下通过微生物的发酵转化成的燃料酒精，是一种“生长出来的绿色能源”，可以用含淀粉（玉米、小麦、薯类等）、纤维素（秸秆、林木等）或糖质（甘蔗、糖蜜等）等原料经发酵蒸馏制成。它可以单独或与汽油混配制成乙醇汽油作为汽车燃料。生物乙醇不同于普通酒精或者无水乙醇，是一种混配“变性剂”并适量加入乙醇汽油专用抗腐蚀剂之后的“变性燃料乙醇”，经过检测符合《变性燃料乙醇》（GB 18350—2013），才能出厂按照一定比例与汽油“组分油”调和成为合格的车用乙醇汽油。

生物柴油是指植物油（如菜籽油、大豆油、花生油、玉米油、棉籽油）、动物油（如鱼油、猪油、牛油、羊油）、废弃油脂或微生物油脂与甲醇或乙醇经酯转化而形成的脂肪酸甲酯或乙酯。生物柴油是典型的“绿色能源”，具有环保性能好、发动机启动性能好、燃料性能好、原料来源广泛、可再生等特点。大力发展生物柴油对推进能源替代、减轻环境压力、控制城市大气污染具有重要的战略意义。

制备液体燃料流程见图 3-12。

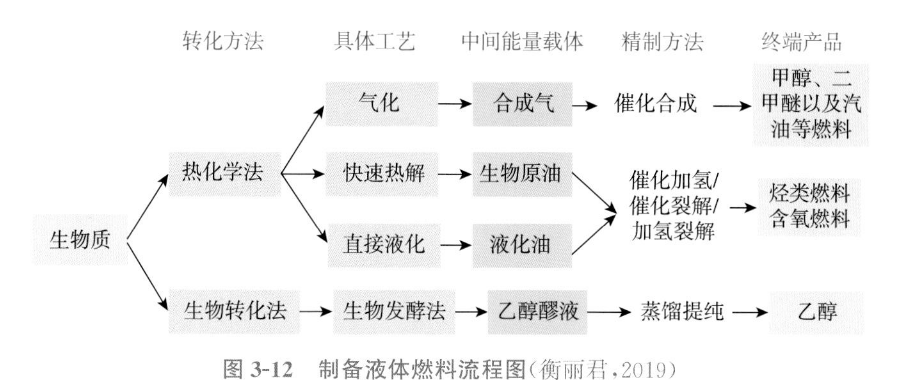

图 3-12 制备液体燃料流程图(衡丽君,2019)

3.3.3 固体燃料(生物质型煤)

固体燃料是有机废弃物能源化的另一个重点方向。2019 年 3 月,中国科学家在《焦耳》杂志上报告说,人们将“柴禾”变为飞机燃料的愿望有望成为现实,他们成功将农林废弃物转化为高密度航空燃料,使用这种燃料有助于降低航空器的二氧化碳排放*。农林废弃物的主要成分——木质纤维素是丰富的可再生资源,其原料成本低廉、来源广泛,研究人员采用两步法将木质纤维素转化为具有高密度和低冰点的多环烷烃燃料。这种燃料可作为高密度先进航空燃料单独使用,也可作为燃料添加剂,提高航空煤油的体积热值。

生物质型煤是指在煤中按一定比例加入可燃生物质(如秸秆)和添加剂后压制成型的产品。生物质型煤层状燃烧可以有效提高热效率、减少污染物排放,是一种清洁能源。掺在煤粒中的生物质着火点低,首先燃烧,使煤中的挥发成分(烟)在低温状态一经析出就完全燃烧,可以实现无烟燃烧。

---

* 来源于新华社 2019-03-26 发表的《农村废弃物可转化为高品质航空燃料》。

与矿物质能源相比，生物质型煤在燃用过程中对环境污染小，灰分、氮含量比煤低，燃烧时排放的氮氧化物和烟尘少；含硫量比煤少得多（煤一般为0.5%～1.5%，而生物质一般少于0.2%），燃用时产生很少的二氧化硫；燃烧后灰分少，可简化除灰尘设备，且可以存储运输，便于加工转换与连续使用。

目前，应用生物质成型燃料技术的工艺主要有湿压成型、热压成型、炭化成型三种（葛磊等，2018）。有机废弃物固体燃料具有原料面广易得，工艺简单易于实现产业化，产品热效率高，且便于储存运输等优点。相比于化石能源煤炭，充分燃烧后的灰渣不仅不会污染环境，还由于其富含农作物需要的钾元素，可作为肥料还田，因此具有很强的经济、社会价值。

生物质型煤生产流程见图3-13。

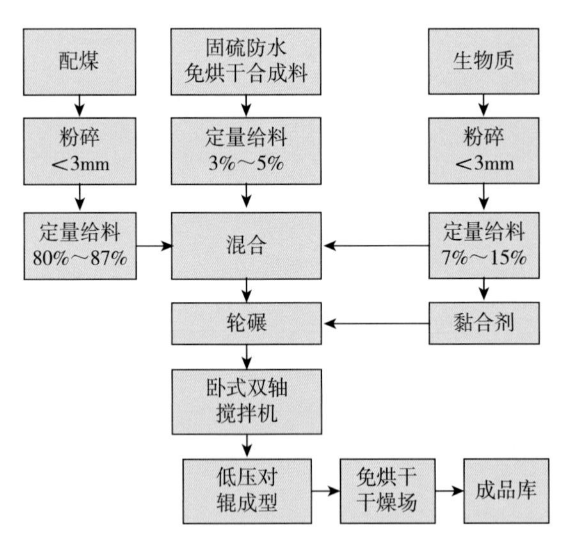

图3-13　生物质型煤生产流程图（周伯瑜，张文新，2007）

 3.4 基料化

有机废弃物基料化是指将有机废弃物经过一定的加工转化成各种基料的过程，如食用菌栽培基质、动物饲养垫料以及园林绿化的美化基质等（葛

磊等,2018)。

3.4.1 食用菌栽培基质

食用菌生长发育所需全部营养物质均来自培养料,为此,栽培食用菌原料的营养与配方,直接影响到其生物学效率。稻草、麦秸等秸秆作为食用菌栽培中最主要的碳源,经食用菌菌丝的生长和子实体的发育转化为优质、味美的蛋白质。其中,稻麦秸秆可栽培以蘑菇、草菇、姬松茸为主的草生菌,木质素含量较高的秸秆可用以栽培香菇、平菇、木耳等木生菌。通过科学配制这些有机废弃物生产出培养食用菌的基料,解决食用菌大规模生产的主料来源问题,既降低了食用菌生产成本,又保护了环境,还满足了人们的食用需求,具有良好的经济社会效益(李海霞等,2018)(图 3-14)。

图 3-14 食用菌栽培基质(王黎娜,2016)

3.4.2 动物饲养垫料

近年来,发酵床养殖(也叫垫料养殖)技术得到较好的发展,有效缓解了养殖污染的问题。如将奶牛场中的粪污进行固体与液体分离后,固体牛粪通过好氧发酵,无害化处理之后用作卧床垫料。也可以将植物秸秆经过发酵后作为养猪、养牛的垫料,垫料配合益生菌不但可以有效解决养殖污染,而且改善动物的福利，减少抗生素的应用。卧床垫料更适合奶牛躺卧并能减少奶牛起卧时对膝盖的压力，降低奶牛患乳房炎、肢蹄病的概率（姚琨等，2020）（图 3-15）。

图 3-15　动物饲养垫料（陈昌质和王赞江，2021）

3.4.3　园林景观覆盖物

有机废弃物还可以根据其色彩、性质特征制作成园林景观的美化基质。如木质碎屑、秸秆、稻壳等都可以根据景观设计的需要加入景观的营造中，成为美丽的元素（图 3-16）。

图 3-16　景观绿地有机覆盖物（于祥民等，2018）

3.5 材料化

有机废弃物的材料化主要是利用某些废弃物的特殊性质来制作各种生产、生活用品的材料。材料化利用是既传统又新颖的资源化利用领域。人们自古就有利用自然界植物、动物器官、骨骼等制作各种工具和生活用品的习惯，而在目前现代城乡生活中人们已很少见识到利用传统动植物原料制作的商品，多数生活用品被合成塑料或钢铁所充斥。有机废弃物材料化的方向很多，主要有制备生产生活材料、吸附材料、生化制品等。

3.5.1 生产材料

秸秆是高效长远的轻工、纺织和建材原料，其韧性大、抗冲击能力强，是很好的工业材料（邓忠等，2017）。同时秸秆在造纸和发泡缓冲材料、人造板材、纳米纤维素、餐饮具和包装容器具等领域中也有应用，这些应用领域已经实现了初步的产业化，为秸秆利用和清洁生产提供了发展基础（林凌等，2021）（图 3-17）。

图 3-17 有机废弃物生产的材料类产品（程圣和，2011）

3.5.2 吸附材料

近年来，生物炭因其高性能、低成本、环境友好等特性，常被用作常规炭质材料(如活性炭,碳纳米管和氧化石墨烯)的替代品,已引起广泛关注。而动物粪便、残骸、植物根茎、木屑、秸秆等都可以加工成生物炭,是一种具有较大表面积和吸附性能的多孔功能材料,具有洁净空气的作用,又可以催化降解有机污染物,吸附土壤重金属,以及用于土壤结构的改善和调理(王璐瑶 等,2020)。生物炭还可以通过分离、提取、纯化废弃物中的纤维素、半纤维素,利用改性技术将其功能化,获得吸水树脂、重金属吸附剂等高附加值产品(Son E B et al. , 2019)(图 3-18)。

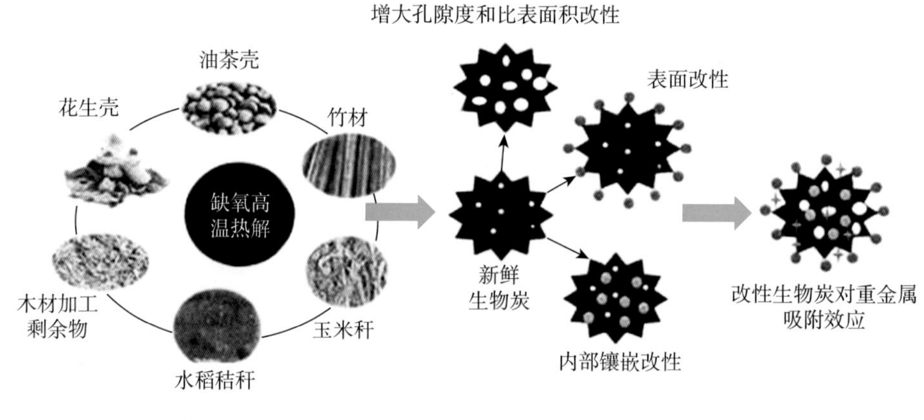

图 3-18　生物炭的制备及改性(黄安香等,2020)

3.5.3　生化制品

利用罗非鱼加工废弃物与麸皮为主要原料,采用低盐固态发酵工艺可生产出酱色鲜艳、酱香浓厚、淡淡鱼腥味的鱼鲜酱油。利用酿酒废弃的酒糟并添加特定的中药材制酒曲,所制的酒曲具有抑制杂菌生长,促进有益微生物生长繁殖以及促进代谢的功能,酒曲的糖化力与液化力大大提高,进而达到改善酒香和提升酒的口感,同时提高出酒率的目的。甘蔗渣、玉米渣等二次利用可制取膳食纤维食品,也可提取淀粉、木糖醇、糖醛等。

3.6 发展前景

我国有机废弃物资源量大，随着生态文明和循环经济战略的推进，精细化分类后的废弃物资源将逐步进入再生、循环利用的生态之路，所以资源化的技术、产品将成为未来社会的新风尚、新产业。国家针对有机废弃物资源化也出台了一系列的政策，我国在2015年《全国农业可持续发展规划》中提出了2030年全国基本实现农业废弃物趋零排放的目标；2017年，国家发展和改革委员会、科技部等14个部门联合发布了《循环发展引领行动》，明确到2020年主要废弃物循环利用率达到54.6%左右，农作物秸秆综合利用率达到85%，城市餐厨废弃物资源化处理率达到20%，资源循环利用产业产值达到3万亿元。2022年，国务院印发的《"十四五"节能减排综合工作方案》中明确提出，到2025年，农村生活污水治理率达到40%，秸秆综合利用率稳定在86%以上，畜禽粪污综合利用率达到80%以上。加快推进有机废弃物处理和资源化利用，是加速乡村生态文明建设、实现碳中和目标的重要举措之一。可见，有机废弃物资源化的市场前景广阔，未来可期。

根据生态环境保护和产业发展双重驱动部署，将有机废弃物资源化与产业升级进行联动，通过不同产业之间的相互协调，构建完善的资源化产业协作体系，同时，在未来的资源和能源领域中，有机废弃物的气化利用新技术将作为能源化利用新方向得到大力开发和应用实现，但有机废弃物能源化技术目前尚未完全成熟，产业化过程面临很多难题，有机废弃物裂解、制氢、原料前处理等领域的新技术需要进一步深入研究，同时需要加大新技术的开发和推广力度，实现有机废弃物的全量高值化、无害化的资源运作模式，达成深度资源化的目的。

参考文献

陈昌质,王赞江. 2021. 犊牛的舒适度管理. 中国乳业(10):97-100.

陈天宇,曹俊,金保昇. 2019. 农业有机废弃物能源化利用现状及新技术展望. 江苏大学学报(自然科学版),40(3):295-300.

程圣和. 2011. 废弃物二次价值开发设计研究. 南京:南京艺术学院.

邓忠. 2017. 农业废弃物资源化利用发展农业循环经济的策略. 现代农业科技(5):161-162.

葛磊. 2018. 农业废弃物资源化利用现状及前景展望. 农村经济与科技,29(21):18-19.

耿健,崔楠楠,张杰,等. 2011. 喷施芳香植物源营养液对梨树生长、果实品质及病害的影响. 生态学报,31(5):1285-1294.

顾树华,张希良,王革华. 2001. 能源利用与农业可持续发展,北京:北京出版社.

衡丽君. 2019. 生物质定向热解制多元醇燃料过程模拟及全生命周期碳足迹研究. 南京:东南大学.

黄安香,杨定云,杨守禄,等. 2020. 改性生物炭对土壤重金属污染修复研究进展. 化工进展,39(12):5266-5274.

李海霞. 2018. 秸秆基料化栽培食用菌生产技术. 现代农业科技(23):111,113.

李季,彭生平. 2011. 堆肥工程实用手册. 北京:化学工业出版社.

李林维,李金怀,蒋湖波,等. 2018. 沼液对果树种植土壤肥力的影响. 宁夏农林科技,59(7):51-52,62.

李龙涛,李万明,孙继民,等. 城乡有机废弃物资源化利用现状及展望. 农业资源与环境学报,2019,36(3):264-271.

梁静波,杨伟,宋震宇,等. 2015. 混合菌种固态发酵餐厨垃圾生产蛋白饲料的研究. 饲料研究(11):70-73.

林嘉聪. 2021. 蚯蚓堆肥物料特性与蚯蚓-蚯蚓粪分离技术研究. 武汉：华中农业大学.

林凌. 2021. 秸秆综合利用及清洁化生产. 长江技术经济，5(S1)：12-14.

林天杰，龚宗浩. 2000. 稻草发酵过程理化性质变化及其作为栽培基质的研究. 上海农学院学报(2)：101-106.

刘代城，万毅，张晓萌. 2019. “环保＋能源”的生物天然气循环经济发展研究. 长江技术经济，3(4)：97-102.

刘洪涛，陈俊，高定，等. 2012. 污泥发酵产物应用于草坪基质的伴生杂草辨识与溯源. 生态环境学报，21(9)：1620-1623.

刘霓红，熊征，蒋先平，等. 2019. 国外堆肥茶发展现状及对中国设施农业的启示. 现代农业装备，40(3)：9-15.

马伟，王秀，陈天恩，等. 2020. 温室智能装备系列之一百二十二　温室烟草育苗剪根机设计. 农业工程技术，40(13)：64-66.

毛妮妮，翁忙玲，姜卫兵，2007. 固体栽培基质对园艺植物生长发育及生理生化影响研究进展. 内蒙古农业大学学报(自然科学版)(3)：283-287.

倪奎奎. 2016. 全株水稻青贮饲料中微生物菌群以及发酵品质分析. 郑州：郑州大学.

欧志鹏，何禹，任慧，等. 2012. 浅谈堆肥茶的发展前景与应用. 吉林农业：(11)：86.

史玉红，刘宏新. 2012. 沼气工程残余物资源化利用研究. 农机化研究，34(2)：211-214.

宋鹏慧，方玉凤，王晓燕，等. 2015. 不同有机物料育秧基质对水稻秧苗生长及养分积累的影响. 中国土壤与肥料(2)：98-102.

田慎重，郭洪海，姚利，等. 2018. 中国种养业废弃物肥料化利用发展分析. 农业工程学报，34(S1)：123-131.

王黎娜. 2016. 都市现代休闲农庄中园艺主题的开发与经营研究. 上

海:上海交通大学.

王璐瑶，谢潇. 2020. 生物炭的制备及应用研究进展. 农业与技术，40(22):34-36.

王明芳. 2021. 酵素在果树生产中的应用. 果农之友(8):38-40.

许耘凡，卢勇. 2021. 空调养黑水虻技术在厨余垃圾处理中应用. 轻工科技，37(11):80-81.

闫艳华，闫艳华，王海宽. 2014. 植物乳杆菌 IMAU10014 对番茄灰霉病的生防效果及其几种防御酶活性的影响. 2014 年益生菌产品研发应用、功能性研究、营养与安全专题研讨会.

姚瑨. 2020. 牛粪垫料资源化利用及加工工艺研究. 中国乳业(8):29-32.

于祥民，高发明，孔爱辉，等. 2018. 园林废弃物在城市绿地中的推广应用及前景分析. 现代园艺(15):164-165.

余瑛，张娅，刘锐，等. 2006. 不同乳杆菌对常见病原菌的抑菌效果研究. 西南农业学报，19(2):3.

张东旺，范浩东，赵冰，等. 2021. 国内外生物质能源发电技术应用进展. 华电技术，43(3):70-75.

张璐. 2020. 机关大院园林绿化废弃物如何变废为宝? 2020. 中国机关后勤(10):72-73.

张梦梅，刘芳，胡凯弟，等. 2017. 酵素食品微生物指标与主要功效酶及有机酸分析. 食品与发酵工业，43(9):195-200.

张祥，骆菲菲，任兰天，等. 2019. 小麦秸秆堆肥茶灌根对设施蔬菜苗期生长的影响. 安徽农学通报，25(9):92-97.

郑冰. 2020. 园林废弃物资源化利用现状与对策. 防护林科技(11):69-71.

周伯瑜，张文新. 2007. 湿料低压成型制防水生物质型煤的研究. 煤炭加工与综合利用(5):30-32，59.

Bosch G, Zanten H E V, Zamprogna A, et al. 2019. Conversion of organic resources by black soldier fly larvae: legislation, efficiency and environmental impact. J. Clean, Prod. , 222: 355-363.

Son E B, Poo K M, Chae K J. 2018. Heavy metal removal from aqueous solutions using engineered magnetic biochars derived from waste marine macro-algalbiomass. Science of the Total Environment(615):161-168.

Wang C B, Chang Y, Zhang L X, et al. 2017. A life-cycle comparison of the energy, environmental and economic impacts of coal versus wood pellets for generating heat in China. Energy, 120:374-384.

4 有机废弃物处理利用工程

推进有机废弃物处理利用是世界各国环境管理的重要任务，也是应对全球气候变化和实现低碳减排的重要环节。有机废弃物处理利用的工程实践都是基于物质和能量沿食物链逐级传递的基本原理而构建，最大限度地回收利用有机废弃物中蕴含的能量和营养物质，主要技术途径包括肥料化、能源化、饲料化、基料化等，其中厌氧消化、好氧堆肥、动物转化和环境-农业综合体等形式在各国工程实践中最为普遍。

4.1 厌氧消化

4.1.1 湿式厌氧消化处理工程

（1）工程概况　中国南方某市湿式厌氧消化处理工程，以厨余垃圾为主要物料，采用“预处理＋生物水解＋中温厌氧消化”组合处理工艺，将物料易降解有机物水解到液相中进行厌氧产沼，将固相可燃物脱水后焚烧，将惰性物料进行填埋处理，实现垃圾的资源化与能源化。日处理规模为 80 t，年处理含水率约 70％的厨余垃圾 2.8 万 t（邓鹏，2020）。工程效果图如图 4-1 所示。

图 4-1 厨余垃圾湿式厌氧消化处理工程效果图

（图片由北京机电院高技术股份有限公司提供）

(2)工艺流程　厨余垃圾进厂后卸料至接收系统(由接收料斗、沥水收集箱、匀料机及若干输送机械组成)，经匀料机匀料后，通过输料机送至破碎机进行破碎处理，其中重质杂质由底部排出后送至处理厂，轻质部分由链板式提升机输送至湿式滚筒筛。滚筒筛上所得轻质杂物主要为塑料薄膜、纺织物等，这些轻质杂质经人工分选回收有用物质后送至焚烧厂，筛下物经筛分磁选后的厨余垃圾泵入厌氧消化发酵罐，将其中的易降解有机组分水解酸化，从而使厨余垃圾中的有机物进入有机料浆，有机料浆在生物水解反应器停留 2～3 天，生物水解后的物料进行挤压脱水，脱水至含水率 40%，脱水固渣进行焚烧处理，液相经浆液预处理后，固渣同样焚烧处理，除渣后浆液泵入厌氧消化罐进行厌氧发酵产沼气。厌氧发酵系统产生的沼气直接输至储气罐，再由管道输送至沼气利用系统(主要由沼气脱硫单元、沼气预处理及增压单元、发电机组及应急燃烧火炬等组成)，所产沼气经脱硫、过滤、除湿及稳压处理后经沼气气柜缓存，再进入沼气发电机组，发电机组产生的余热用于厌氧发酵罐的料液加热；厌氧消化罐产生的沼液直接利用管道输送至污水处理系统(廖晓聪等，2019)(图 4-2)。

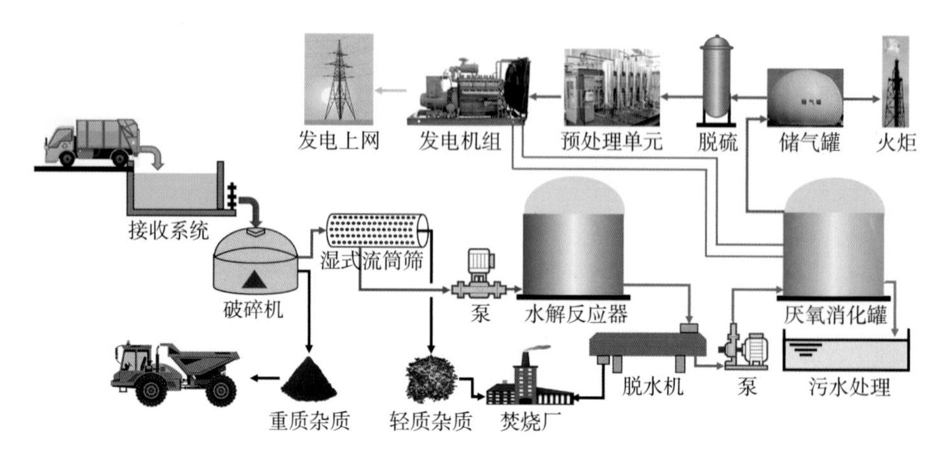

图 4-2　厨余垃圾湿式厌氧消化处理工艺流程

（图片由李彦明提供）

(3)运行效果　所用的 UBF 厌氧罐容积为 1 452 m^3（直径 10 m，高度 18 m），罐内进料 COD 容积负荷为 7.5 kg COD/(m^3 · d)。物料在罐内平均停留时间为 13 d，产沼气量约 4 667 m^3/d。经过厌氧消化后的沼液(59.85 t/d)，用于回流作为生物水解淋洗液使用，其余送往园区污水处理系统进行处理。项目直接运行成本主要包括水费、电费、柴油费、工资福利费，为 220.98 万元/年，折合 78.92 元/t(2019 年)，工程实际运行稳定性好且运行成本低。

4.1.2　干式厌氧消化工程

(1)工程概况　中国东部某市干式厌氧消化工程 2014 年投入使用，项目总占地面积为 5 710.5 m^2，建筑总面积 4 656.3 m^2。本工程以厨余垃圾为主要物料，采用“预处理＋干式厌氧消化＋沼气净化＋沼渣脱水”的组合处理工艺，整个工程由前分选系统、干式厌氧产沼系统、沼气净化系统和沼渣脱水系统组成，并配备自动化控制系统、除臭系统等辅助设施。本工程日处理规模为 190.1 t，日均产沼气 15 383 m^3，年处理厨余垃圾 6.9 万 t，年产沼气 561.5 万 m^3，实现垃圾的资源化与能源化，工程效果图如图 4-3 所示(安晓霞等,2019)。

图 4-3　厨余垃圾干式厌氧消化处理工程效果

(图片由维尔利环保科技集团股份有限公司提供)

项目所在厂区包括生产区、管理区、附属设施区三大功能区域,环境敏感度高的生产区位于隐蔽性较强的场地东侧,附属设施区位于场地中部,管理区位于场地西侧。生产区主要包括餐厨及厨余综合处理车间、厌氧发酵系统、压缩转运车间、沼气发电车间、沼气净化系统。管理区为辅助配套楼,功能包含办公、住宿、就餐、环保教育展示、中央控制、会议等。附属设施区位于生产区与管理区之间,包括车库、洗车台等。

(2)工艺流程　该工程具体的工艺流程如图 4-4 所示。厨余垃圾收运车辆进入园区后,先计量称重并记录;然后进入卸料大厅,将厨余垃圾卸入受料斗中,经鳞板给料机及匀料机输送至前分选系统,分选出其中的塑料、纺织品、玻璃及金属等;经分选处理后的物料进入破碎系统,经过破碎后的垃圾进入滚筒筛进行筛分,筛下物质进入生物质分离器,进一步破碎、粉碎等措施后制成浆料,经分选制浆后的浆料进入返混系统,在返混系统混合均匀及加热至 35～38 ℃;再通过进料泵送入干式厌氧产沼系统,进行中温干式厌氧消化(TS＞15%);所产沼气先经过粗过滤器去除固体杂物和部分水分后,进入双膜沼气储气柜;随后进入沼气增压风机,增压后进入脱硫系统,

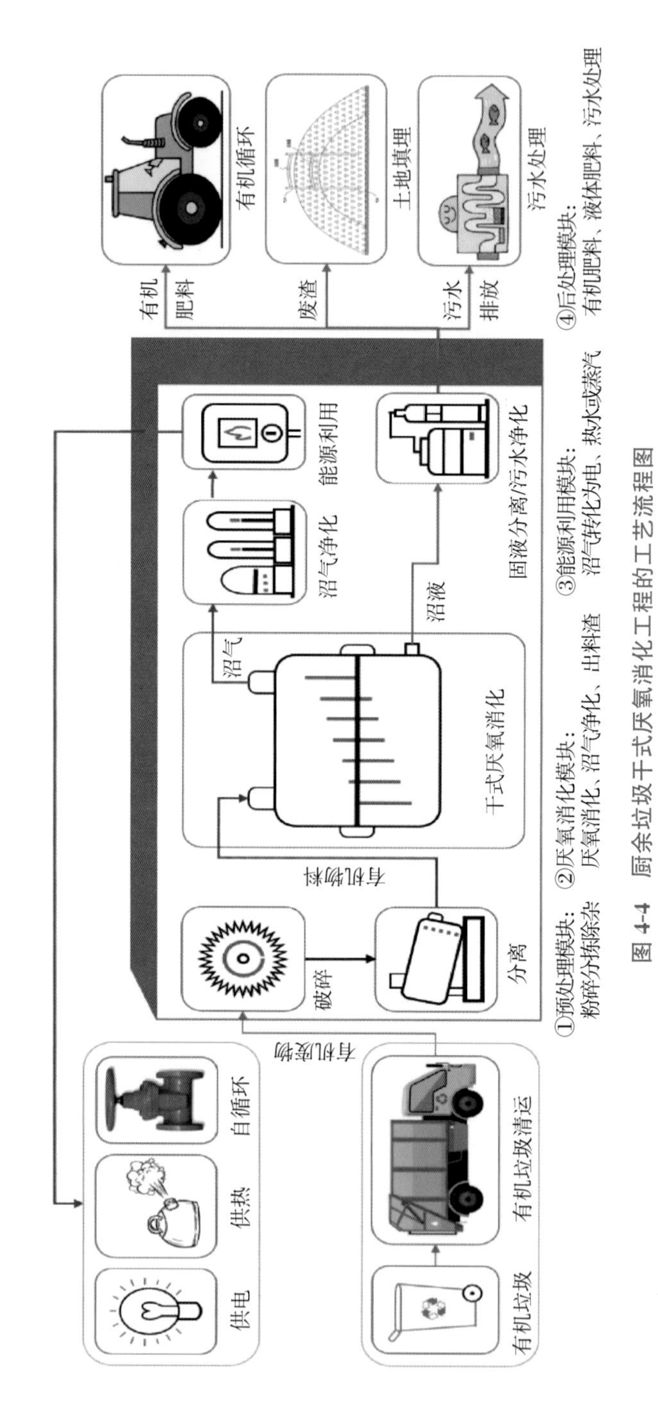

图 4-4 厨余垃圾干式厌氧消化工程的工艺流程图

（图片由李彦明供图）

脱硫后沼气再经过换热器和过滤器后分两路，一路去锅炉房，供蒸汽锅炉燃烧用热，另一路送至沼气发电厂发电，实现热电联产，电能并网，蒸汽回至厌氧消化系统用于料浆加热；厌氧系统排出的消化沼渣通过高压污泥泵输送至沼渣储池，然后再进入沼渣脱水车间，通过螺压脱水机和离心脱水机分离出上清液和沼渣，上清液输送至填埋场渗滤液调蓄池进行污水处理；所得沼渣经湿式滚筒筛后，筛下物可用作城市园林绿化的有机肥料，筛上物进行卫生土地填埋。整个工艺对厨余垃圾减量率达 70%以上，还能从中回收塑料、金属、纸张、玻璃，有效降低环境二次污染。

(3)运行效果　预处理分离出来的固渣、厌氧消化产生的脱水沼渣含水率平均为 52.74%，沼液总固体含量为 5.73%。厌氧消化系统中的原生垃圾产气量高达 80.92 m^3/t，厌氧罐内浆料含固率稳定在 22.08%、pH 为 7.84、氧化还原电位为−43.45 mV、化学需氧量为 57 734.07 mg/L、铵态氮为 48.27.51 mg/L、总氮为 6 544.43 mg/L、碱度为 21 254.29 mg/L、挥发性脂肪酸为 2 795.59 mg/L，年产沼气 561.49 万 m^3，沼气日产量最高可达 23 115 m^3/d，沼气甲烷含量稳定在 58.63%左右(设计要求≥50%)，经净化后沼气能满足沼气发电机正常使用。按发电收入 0.67 元/(kW・h)计，2018 年度发电收益达 564.14 万元。

4.2 好氧堆肥

4.2.1　大型槽式堆肥工程

(1)工程概况　所选槽式堆肥工程位于中国南方某县，厂区总面积为 92 737.97 m^2，建筑总面积 46 280 m^2，工程包含原料预处理系统、布料系统、发酵翻堆系统、曝气系统、自动进出料系统、除臭系统、在线监测控制系统和肥料加工系统等单元(图 4-5)。本工程主要以糖厂滤泥为主要原料，采用“动态槽式高温好氧快速堆肥化技术”，技术路线包括混配、发酵、陈化、成品等工序，设计年生产能力为 5 万 t(金文涛等，2019)。

图 4-5　动态槽式堆肥工程布局图

（图片由张陇利提供）

(2)工艺流程　原料进场后先送入原料仓库，经预处理后的各类原料、辅料、返料、菌剂按工艺配比进入混料机混合均匀，由输料系统将物料输送至自动布料机，再经过自动布料皮带机将混合物料均匀输送至发酵槽内，发酵槽底部安装曝气管，由鼓风机通过曝气管强制通风供给氧气，形成好氧发酵环境。发酵槽采用翻堆机搅拌物料并同时向前移位，堆肥周期为 15～20 d，堆肥温度可以上升至 60～70 ℃；经过一个周期的堆肥，发酵后的含水率大幅度降低(一般小于 45%)，由自动出料系统出料运往陈化车间进行二次发酵。陈化周期根据产品用途可灵活调整，当陈化阶段的温度逐渐下降并稳定在 40 ℃时，堆肥腐熟，形成腐殖质。陈化后的产品可根据市场需求经粉碎、筛分、配料、造粒、烘干等工序加工成高附加值的有机肥、生物有机肥或有机无机复混肥进行销售。具体工艺流程如图 4-6 所示。

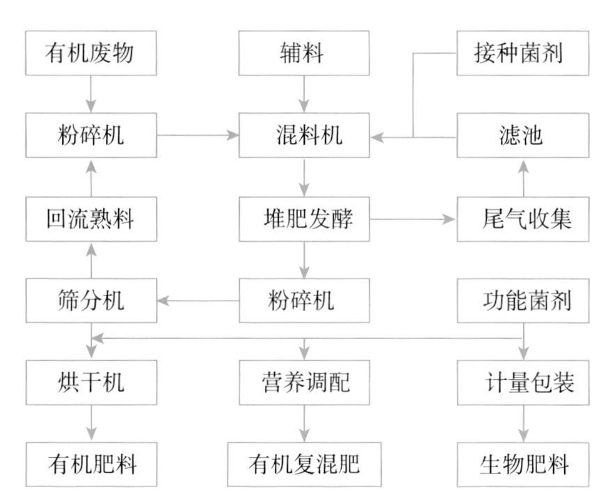

图 4-6 动态槽式堆肥工艺流程图

（图片由张陇利提供）

(3)运行效果 该项目一次堆肥周期15～20 d,陈化周期20 d,有机肥产品可达到《有机肥料》(NY 525—2021)标准要求,有机质含量≥30%,含水率≤30%,pH 5.5～8.5,粪大肠菌群数≤100 个/g,蛔虫卵死亡率≥95%。产品经过粉碎、筛分等加工步骤,可生产出高附加值的生物有机肥料。每年可将10万t有机废弃物进行无害化处理和循环利用,生产的绿色环保高附加值的生物有机肥产品全部施用于公司自身5万亩香蕉基地,实现了废物养分循环利用,打造出一条完整的农业循环产业链。

4.2.2 小型槽式堆肥工程

(1)工程概况 所选小型槽式堆肥工程位于中国北方某市一个蔬菜产业园内,每个项目总占地面积500 m^2 左右,已建成50多座。本工程以尾菜为主要物料,采用动态槽式堆肥发酵工艺,配套设备包括适用于蔬菜废弃物预处理的粉碎机、菌剂调配接种设备、链板式高效能翻堆机、智能曝气系统、自动进出料系统等,根据园区需要设置有机肥料仓库或无土营养基质复配车间。工程设计日处理能力为20 t,发酵工程图如图4-7所示。

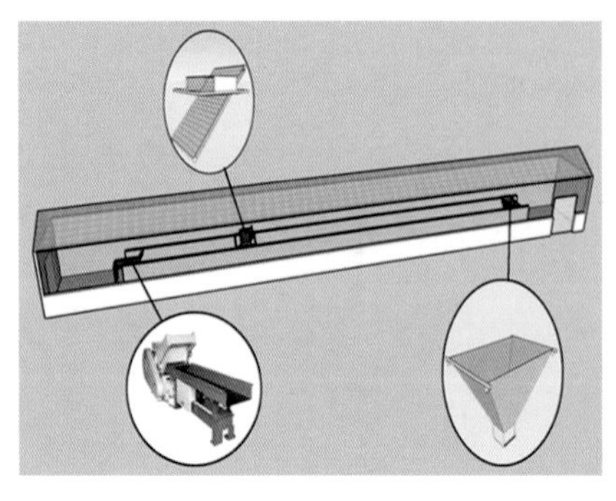

图 4-7　小型槽式堆肥工程

（图片由张陇利提供）

（2）工艺流程　将蔬菜废弃物（番茄秧、黄瓜秧，大白菜、圆白菜、生菜剩余物等）、农作物秸秆（小麦秸秆、玉米秸秆、水稻秸秆和/或椰糠）等原料用粉碎机粉碎至 2～4 mm，再按照 C/N 为（20～30）∶1 和水分含量为 55%～70%的工艺参数混合均匀，并接种专用的发酵菌剂后送入发酵槽，采用链板翻堆机和强制通风系统进行翻堆曝气，曝气系统和翻堆机根据发酵槽内物料的温度、氧气浓度参数定期对物料进行翻堆和曝气操作，以保证发酵期间堆体一直维持在好氧环境，该项目工艺流程如图 4-8 所示。具体的翻堆和通风操作如下：

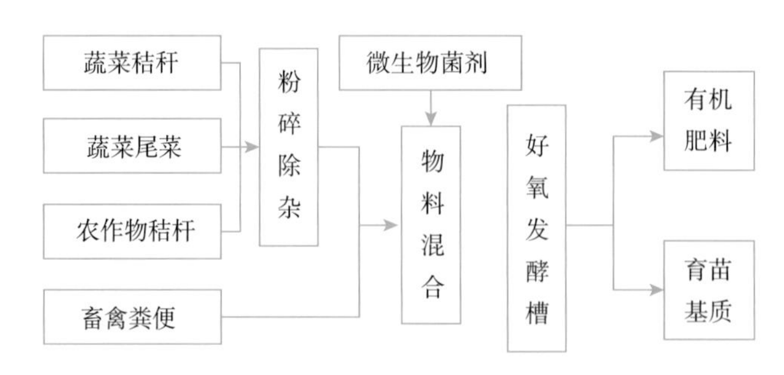

图 4-8　小型槽式堆肥工艺流程

（图片由张陇利提供）

当堆体中部最高温度升至 60～70 ℃并保持 48 h 后开始翻堆，以利于完全杀灭病虫害等病原微生物、虫卵等，当最高温度升至 70 ℃时，保持 12 h 后开始翻堆，之后温度再次上升加大通风速率直至温度下降至 60 ℃以下，重新调节通风速率为上述通风速率，直到腐熟；当混合物堆体中部温度与室外温度相同，水分含量小于 45%，物料外观呈黑色或黑褐色，无臭无味，质地松散，即完成了整个发酵生产过程。

(3)运行效果　该类工程共建成 50 余处，实现了蔬菜产地的清洁生产。每个工程年可处理蔬菜废弃物 1 000 t 以上，生产有机肥料或基质产品 300 t 以上；项目避免了蔬菜废弃物随意弃置造成的周边环境污染，有效地改善了蔬菜产地的生产环境，实现了农业废弃物的就地无害化处理和循环利用。

4.2.3　密闭筒仓反应器堆肥工程

(1)工程概况　所选密闭筒仓反应器堆肥工程位于我国南方某市污水处理厂内的脱水车间，脱水机房内配有 2 台高压板框脱水机。根据场地情况和地势，新建筒仓堆肥反应器基础、改造利用旧有设备房为产品库房，筒仓基础 40 m^2。本工程以脱水污泥为主要物料，采用“新型密闭式反应器堆肥技术”，工程设备主要包括上料皮带机、泥饼破碎机、密闭筒仓反应器、出料皮带机等。本工程设计每台设备日处理规模为 5～7 t，可年产 800～900 t 粉状绿化基质，达到了污水厂污泥的就地处理，避免了湿污泥外运，可实现市政污泥减量化、无害化、稳定化和资源化的目标(黄丽娟等，2016)。本工程所用的筒仓反应器实景如图 4-9 所示。

(2)工艺流程　污泥由板框脱水机下部的皮带机输出，收集、提升到反应器顶部，落入泥饼破碎机，对块状泥饼进行破碎，落入密闭筒仓反应器，污泥在反应器中经过曝气、搅拌、发酵等一个发酵周期 8～12 d 后即可出料，污泥发酵产品由密闭筒仓反应器底部的皮带输送机将物料直接送入粉状产品包装中，并转送到产品暂存间存放。反应器内的排气经管道收集进入废气喷雾洗涤除臭塔处理，经处理后排放到空气中，具体流程如图 4-10 所示。

(3)运行效果　该项目采用连续进出料的方式运行，每天进出料，发酵

图 4-9 筒仓反应器堆肥处理工程

（图片由张陇利提供）

周期一般为 8～12 d，产品为园林绿化基质，符合《城镇污水处理厂污泥处置 园林绿化用泥质》（GB/T 23486—2009）要求，其中总养分≥3％，有机物含量≥25％，含水率≤40％，产量约 3 t/d，主要用于周边的园林绿化、草坪培植、高速路绿化等土地利用。

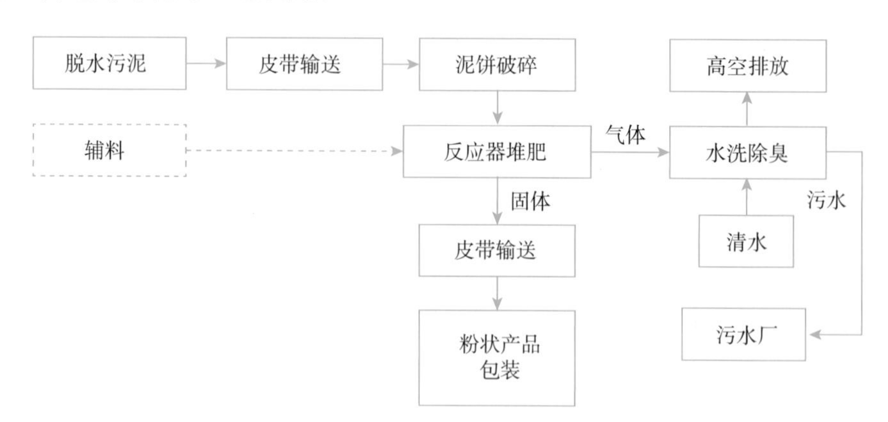

图 4-10 筒仓反应器堆肥工艺流程图

（图片由张陇利提供）

4.3 厌氧-好氧耦合处理工程

(1)工程概况　所选厌氧-好氧耦合处理工程位于中国西南某县,以来自该县一冷链物流配送中心的蔬菜废弃物为主要原料,同时还处理项目周边少量的牛粪和其他作物秸秆等有机废弃物,采用“厌氧消化-好氧堆肥”耦合工艺,其中厌氧消化段采用CSTR (continuous stirred-tank reactor)+IC(internal circulation)的工艺路线,并配套预处理、沼液处理、除臭处理、储气、供热等系统(刘佳燕等,2016;邹锦林,2017);好氧堆肥段采用动态槽式好氧堆肥发酵工艺,并配套固液分离、混料、翻堆、曝气、陈化、造粒、烘干等系统。本工程设计处理规模为100 t/d,主要产品有生物天然气、液态肥和功能有机肥料等。目前已形成“种植业-蔬菜废弃物-沼气-有机肥/液态肥-高效种植业”的农业循环经济模式。本工程效果如图4-11所示。

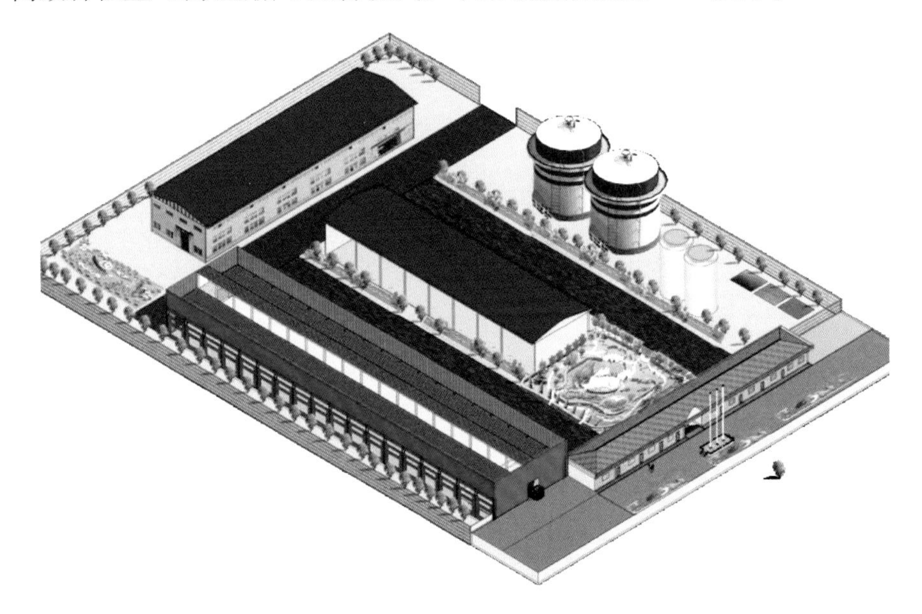

图4-11　厌氧-好氧耦合处理工程效果图(兰艳艳等,2019)

(2)工艺流程　该项目具体工艺流程如图 4-12 所示，蔬菜废弃物先经预处理系统(除杂、粉碎等)制成有机料浆，有机料浆中固体部分和牛粪按比例输送至进料罐，在进料罐中混匀的有机物料输送至 CSTR 罐生产沼气；液体部分直接输送至内循环厌氧罐(IC 罐)进行厌氧发酵。CSTR 罐的沼渣经固液分离后，固体部分被输送至堆肥生产线进行好氧堆肥处理，最后加工制成生物有机肥料；液体部分输至 IC 罐生产沼气。IC 罐的大部分沼液经浓缩后进行营养和功能调配，最后加工制成液体肥料，用管道输送到蔬菜基地的田间储液池，供周边果蔬、花卉企业与农田按农作物的用肥要求定期施用；少部分送至污水处理站。所有沼气经提纯制成压缩天然气(compressed natural gas，CNG)。

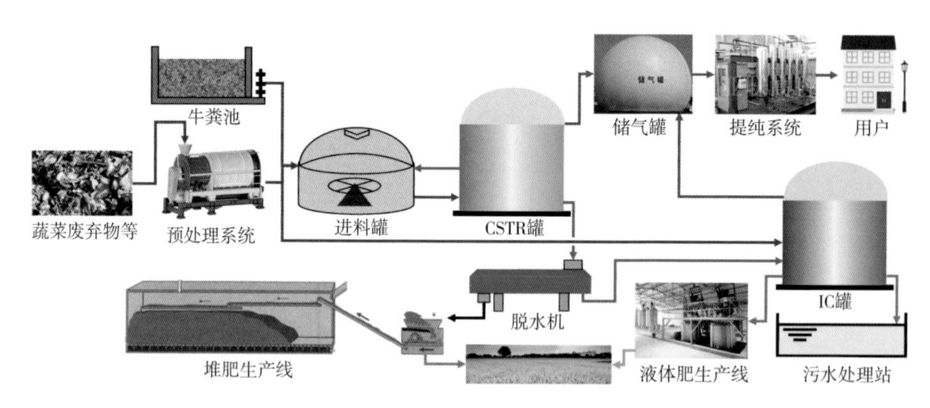

图 4-12　厌氧-好氧耦合处理工艺流程图

(图片由李彦明提供)

(3)运行效果　该项目厌氧发酵工段采用中温厌氧消化工艺，原料进料时配合沼液回流技术予以强化接种，料液的 pH 稳定于 7～8，COD 维系在 10 000～17 000 mg/L，沼气浓度略低于 60%。该技术模式适用于蔬菜种植大县，尤其冷冻物流链上的蔬菜废弃物原料相对充足且稳定的地区。该项目自运行以来产生了良好的环境、社会、经济效益。

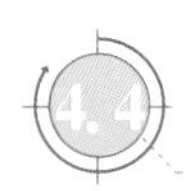

4.4 动物转化

(1)工程概况　该工程项目位于中国西南某市，处理规模 100 t/d，年运行 350 d，年处理含水率约 70%的厨余垃圾 3.5 万 t。工程采用“预处理+黑水虻生物转化”组合处理工艺，技术路线是将厨余垃圾除杂、除沙、破碎制浆后，浆料作为黑水虻生长食料，采用自动化黑水虻养殖设备进行封闭养殖，将有机物转化为昆虫蛋白及昆虫粪便(有机肥)，昆虫蛋白作为水产、宠物饲料，虫粪肥作为蔬果肥料，实现有机废弃物的生物资源化利用。该项目实景图如图 4-13 所示。

图 4-13　厨余垃圾黑水虻生物处理工程

(图片由张吉斌提供)

(2)工艺流程　厨余垃圾进厂后卸料至接收系统(由接收料斗、匀料机及若干输送机械组成)，经匀料机匀料后，通过输料机送至破碎机进行破碎处理，再经由分解除杂系统，将轻质物如塑料、无机物及砂石筛出，剩余含水率为 80%浆料输送至浆料罐。黑水虻自动养殖系统将 1 m×0.75 m 养殖盒移至投料操作平台，布料机将浆料罐内浆料投入养殖盒，投虫机投入 3 龄黑水虻幼虫，养殖系统将已投料、投虫养殖盒移回养殖间，如此反复经 6 d 后，黑水虻幼虫成长为 6 龄虫，自动养殖系统将 6 龄虫养殖盒移至卸料平台，卸料设备将 6 龄虫及虫粪混合物卸至输送平台，经过滚筒筛分机，将 6 龄虫及虫粪完全分离进入输送皮带，6 龄虫进入烘干设备加工为干虫，虫粪进入好氧发酵罐经 4～5 d 发酵为稳定有机肥（图 4-14）。

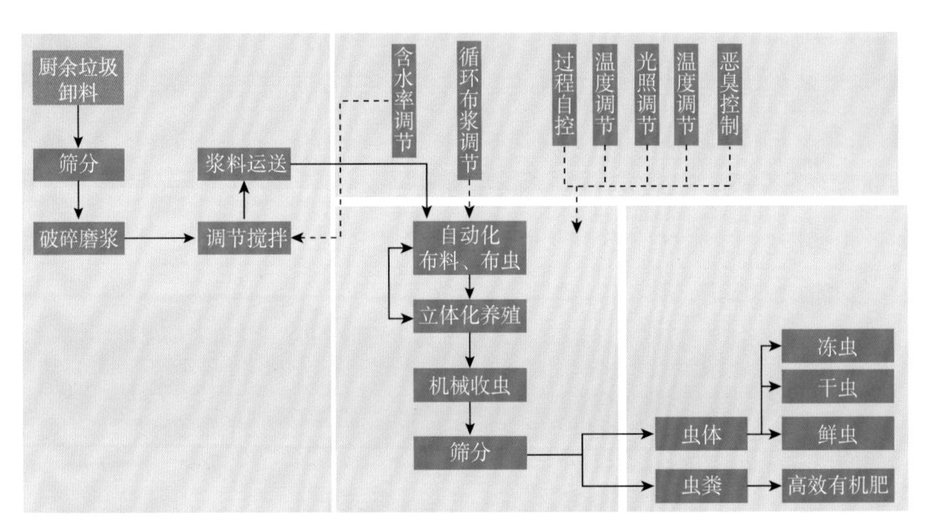

图 4-14　厨余垃圾黑水虻生物处理工艺流程

（图片由张吉斌提供）

（3）运行效果　该项目采用国内领先黑水虻自动化养殖设备，全封闭立体养殖，能有效解决传统地槽养殖占地及环境污染问题。厨余垃圾高含水率符合黑水虻饲喂原料要求，不产生额外污水，养殖过程中臭气通过负压风机统一收集后经“酸洗、碱洗、UV 光解”处理工艺后达标排放。该项目每年可将 3.5 万 t 厨余垃圾转化为 770 t 黑水虻鲜虫、880 t 有机肥，有机肥产品可达到《有机肥料》（NY 525—2021）要求，有机质含量≥50%，含水率≤30%，pH 5.5～8.5。黑水虻作为饲料已广泛应用于水产养殖，黑水虻虫粪丰富的有机质含量是较好的有机肥。除厨余垃圾外，黑水虻虫还可处理转化畜禽粪便，相较于传统处理方式，该工艺能将有机废弃物中有机质最大程度地资源利用，产生较好的经济效益，实现闭环生态循环，同时解决蛋白饲料紧缺问题。

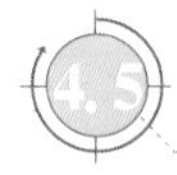

4.5 环境-农业综合体

随着城镇化和食品饮料类工业的快速发展，各类城镇废弃物以及加工类有机废弃物产生量剧增，对周边环境构成了进一步的污染威胁。如何在城镇以及工业发展过程中统筹环境治理与农业生产，把这些废弃物转变成有价值的、安全的资源产品并回到农业生产，成为新的发展需求和领域。

总体上我国目前这类工程实践还很少，但我们可在日本看到不少这样的案例。特别是从 20 世纪 70 年代以来，日本政府开始了一系列资源循环利用方面的政策制定及实施，如在各地推行的“生物质镇”就是一项乡村废弃物处理与生态农业发展相结合的示范工程。这里介绍其中的两个案例。

4.5.1 日本滋贺县爱东町地区的生物燃料发展模式

日本滋贺县爱东町地区利用其传统的农业区位优势，在政府的政策与资金支持下，主要生产油菜、水稻、小麦等农作物，并以农业生产及加工产生的废弃物料为原料，一部分用于生产优质饲料或肥料，发展畜禽养殖业和生态农业；另一部分转化为生物燃料(BDF)，作为生产生活用燃料。爱东町地区逐步形成了有机固体废物循环利用的产业发展模式(图 4-15)，该模式实现了种植业、养殖业与能源生产的有机融合，系统外部资源投入的减量化和内部废弃物的再利用，产业链的整合与衔接顺畅，生态效益显著，是一种值得借鉴的“环境-农业综合体”产业发展模式。

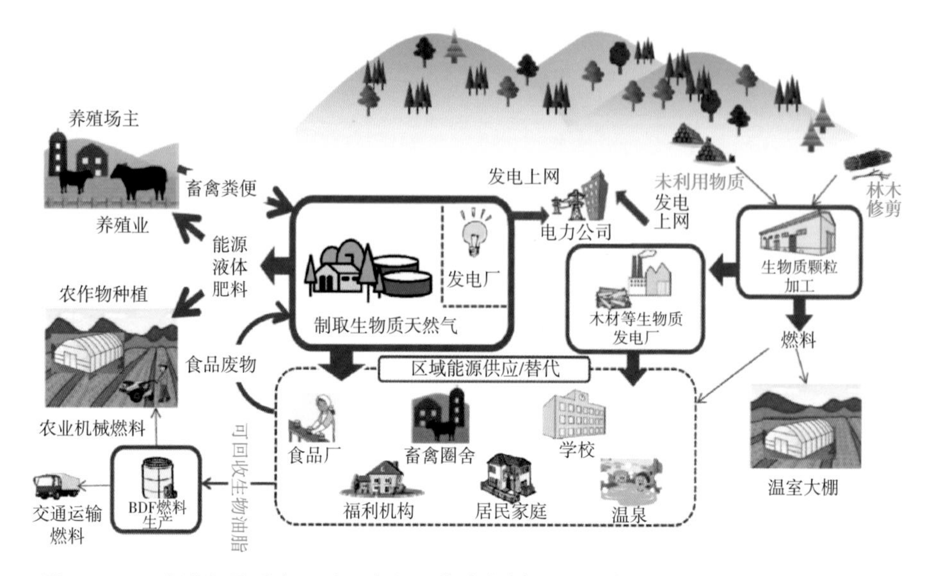

图 4-15 日本滋贺县爱东町地区有机固体废物循环利用的产业发展模式(李娜,2015)

爱东町地区有机固体废物循环利用模式构建与完善实际上也经历了一个漫长的发展过程,从废弃物利用(1976—1991 年)→废弃物 BDF 化(1992—1997 年)→生物资源利用(1998—2001 年)→废弃物循环(2002 年至今)4 个阶段,最终实现了环境保护,推动了产业联动效应的规模化呈现,并通过与城镇经济的联动,发展成为区域性的社会循环经济。

4.5.2 日本宫崎县菱镇的有机农业发展模式

随着农业可持续发展理念的深入,日本在农业废弃物循环利用方面取得较大成效,实践并推广了以合理利用有机固体废物和有效保护环境为基础的农业可持续发展模式,有机固体废物循环利用模式在日本宫崎县菱镇迅速推广与发展,取得显著成效,如图 4-16 所示。该模式是以农业废弃物还田和合理轮作代替外部资源投入,积极推广作物秸秆还田及生物肥料,减少农业废弃物对周边环境的污染,实现生态环境保护与废弃物资源价值实现的结合,以期达到废弃物资源的永续利用与农业可持续发展的双重目的。

图 4-16 日本宫崎县菱镇的农业废弃物资源化中心(王敬尧,2018)

宫崎县菱镇《发展自然农业条例》于 1988 年 7 月开始实施,严格限制非有机肥料等生产资料的投入,促进有机农业发展。这一规定出台后,菱镇利用可资源化的农业废弃物为原料,将其经预处理后,输送至厌氧消化发酵系统,产生的沼气用于发电,剩余残渣经固液分离,固体部分堆肥处理后制成有机肥料,液体部分经无害化施入农田进行利用,最终实现整个区域内农业废弃物的全量循环利用。

21 世纪以来,我国各级政府正加速推进城乡有机废弃物资源化循环利用,未来市场发展空间巨大。从国外来看,资源回收利用已成为 21 世纪日本的支柱产业。废弃物管理已成为德国环境保护和经济发展的重要环节,每年可为该国创造 20 万个就业机会。随着人们环保意识的提高和环保科技的进步,城乡有机废弃物处理利用的方式正在转变,已逐渐形成肥料化、饲料化、能源化、基料化、材料化等五种资源化利用模式。由于国内在该领域起步晚,技术储备欠缺,已有的资源化利用技术普遍存在无害化不彻底、减量化不完全、资源化不成熟等问题,所以要做好顶层设计,加强政策引导与监督,以推动我国城乡有机废弃物资源化行业整体协同发展。

参考文献

安晓霞，金文涛. 2019. 杭州天子岭厨余垃圾处理工程实例分析. 绿色科技(8)：125-128.

邓鹏. 2020. 厨余垃圾资源化处理工程实例分析. 南方农机，51(2)：18-19.

黄丽娟，梁有千，何春薇，等. 2016. 防城港市污泥 DACS 动态好氧堆肥处理工程设计. 中国给水排水，32(18)：56-59.

金文涛，安晓霞. 2019. 象山县厨余厨余粪便协同处理工程建设方案研究. 北方环境，31(8)：107-110.

兰艳艳，谷伟楠，井水清，等. 2019. 蔬菜废弃物资源化利用的工程应用分析——以嵩明县沼气工程暨有机肥项目为例. 低碳世界，9(9)：1-2.

李娜. 2015. 日本农业废弃物循环利用及产业发展的经验与启示. 世界农业(8)：162-166.

廖晓聪，罗智宇，赵野，等. 2019. 厨余全混厌氧消化工程的启动调试. 中国给水排水，35(1)：31-37.

刘家燕，赵爽，姜伟立，等. 2016. 厨余垃圾厌氧消化处理技术工程应用. 环境科技，29(5)：43-46.

王敬尧，段雪珊. 2018. 乡村振兴：日本田园综合体建设理路考察. 江汉论坛(5)：133-140.

邹锦林. 2017. ACS 预处理＋CSTR 厌氧工艺在常州厨余垃圾处理工程的应用. 中国科技纵横(9)：1-3.

5 环太湖有机废弃物处理利用示范

5.1 项目背景

2020 年 8 月，习近平总书记在安徽合肥主持召开扎实推进长三角一体化发展座谈会时强调，要夯实长三角地区绿色发展基础，特别提出“要推进环太湖地区城乡有机废弃物处理利用，形成系列配套保障措施，为长三角地区生态环境共保联治提供借鉴，为全国有机废弃物处理利用作出示范”。2020 年 11 月，时任江苏省委常委、苏州市委书记许昆林深入吴中区调研，指出“要以点带面、有序推进环太湖有机废弃物处理利用示范区建设”。

环太湖城乡有机废弃物处理利用示范区项目是国家发改委于 2020 年启动的一项重点工程，该项目围绕环太湖五市（江苏省苏州市、无锡市、常州市以及浙江省湖州市和嘉兴市）开展，旨在围绕有机废弃物无害化处理、资源化利用、市场化运作，立足先行先试、统筹布局、打通堵点；着力建立健全集中统一管理体制机制、提升有机废弃物处理能力、推动提升有机废弃物利用新路径，建成管理体制协同创新、处理方式集约高效、市场转化渠道通畅的示范区。

环太湖地区是长三角地区的核心区域，其人口密度大、工农业生产发达，是国内生产总值和人均收入增长最快的地区之一，同时也是各类城乡有机废弃物产生量较大的区域之一。据估算，环太湖五市年有机废弃物总产生量约 5 000 万 t，大量的有机废弃物若处理不好，会对大气、水体、土壤等造成严重的污染，也带来资源浪费和生态退化。解决不好这一问题既影响到环太湖地区经济社会的长久活力，也直接影响到长江经济带国家战略的实施。

以厨余垃圾为例，江苏省三市（苏州、无锡和常州）截至 2018 年年底共建成并投运 8 座厨余垃圾集中厌氧处理设施，处理规模达 2 050 t/d，占所有可收集厨余垃圾比例约 38%，其余 62%只能进行焚烧和填埋。浙江省湖州市建立了“收、运、处”一体化厨余垃圾处理利用体系，建成集中厌氧处理设施 3 座，处理规模 450 t/d，占所有可收集厨余垃圾比例约 50%，其他 50%进行焚烧和填埋。总体上，在目前垃圾分类尚未普及的情形下，环太湖地区有机废弃物处理以焚烧和填埋为主，生物处理特别是厌氧发酵正处于快速发展阶段，好氧发酵及资源化利用比例还很低。

长三角区域一体化已成为国家发展战略，绿色生态一体化发展正成为这一区域的创新理念。由于长期只注重经济发展，忽视生态系统服务价值、生态与经济平衡等，环太湖示范区已成为生态环境问题较突出的地区之一；该地区也面临着污染负荷重、环境容量不足的严重制约，河湖水质改善及陆地土壤健康面临巨大挑战，与国际同类型区域形成较大差距。

事实上环太湖地区就是一个典型的生态系统，由小溪、河流、湖泊等构成的复杂网状水系把密集的城市和农村连接起来，构成了一个庞大的水陆生态系统。管理这一生态系统中有机废弃物的核心是物质流平衡问题，主要体现在如下三个层面：一是水陆间物质流失衡，清水进入城市，污水返回水体；污染水体产生的大量蓝藻、淤泥回不到陆地，形成多次循环污染；二是城乡物质流失衡，大量营养元素通过食物进入城市，经消费后变为厨余垃圾沉淀在城区，多以简单焚烧和填埋处置，未得到资源化利用，土壤因此得不到营养返还；三是种养物质循环脱节，养殖场缺少消纳粪污的土地会污染水体，种植业缺乏有机肥投入及过度依赖化肥形成面源污染（中华人民共和国农业农村部种植业管理司，2021）。实质上这些有机废弃物是可循环利用的资源，打通这些有机废弃物的资源化利用途径有利于进一步改善环太湖水体环境，有利于实现整个区域生态系统的养分循环和促进整个长三角区域的可持续发展。因此，建设环太湖城乡有机废弃物处理利用示范区，符合生态、环保、可持续的资源循环利用发展方向，是生态文明建设进程中的必经之路，发展潜力巨大。

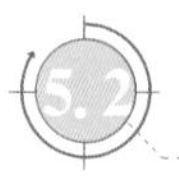

5.2 环太湖有机废弃物产生情况

2020 年 6—10 月，中国农业大学有机循环研究院（苏州）组织师生对环太湖五市进行了为期 5 个月的调研，总体情况如表 5-1 所示。

表 5-1　环太湖五市有机废弃物产生量（2019 年）　万 t/年

有机废弃物	产量					合计
	苏州	无锡	常州	湖州	嘉兴	
厨余废弃物	133.0	84.0	22.4	11.3	29.2	279.9
农业秸秆	112.0	50.3	87.9	65.0	93.9	409.1
畜禽粪便	38.0	21.6	72.7	13.0	173.1	318.4
园林绿化废弃物	35.0	8.4	5.0	—	—	48.4
水草	123.0	151.2	21.5	54.7	0.0	350.4
淤泥	1 300.0	432.0	189.0	940.8	720.0	3 581.8
合计	1 741.0	747.5	398.5	1 084.8	1 016.2	4 988.0

环太湖五市有机废弃物总体产生量为 4 988.0 万 t，其中厨余废弃物为 279.9 万 t，农业秸秆为 409.1 万 t，畜禽粪便为 318.4 万 t，园林绿化废弃物为48.4 万 t，水草为 350.4 万 t，淤泥产生量最大为 3 581.8 万 t（江苏省统计局，2019；浙江省统计局，2019）。

江苏省苏州市、无锡市、常州市以及浙江省湖州市、嘉兴市的有机废弃物产生量占环太湖五市总产生量的比例分别为 34.9%、15.0%、8.0%、21.8%和 20.3%。其中，苏州有机废弃物产生量最大，总产生量为 1 741.0 万 t/年（江苏省统计局，2019；浙江省统计局，2019）。

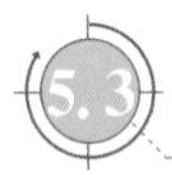

5.3 环太湖有机废弃物处理和利用

当前针对有机废弃物处理的主要工艺有填埋、焚烧、干化、好氧发酵、厌氧消化等，主要利用途径则有肥料化、能源化、饲料化、材料化等。

环太湖五市厨余废弃物的处理以“集中＋就地分散”模式为主，大部分采用直接焚烧或厌氧消化产生沼气（沼渣焚烧）方式进行处理（86.7%），好氧发酵的比例较小，仅为13.3%（表5-2）。由于厌氧消化产生的沼渣和沼液均未得到有效利用，因此资源化方式主要是好氧发酵方式。

表5-2　环太湖五市厨余废弃物处理利用情况（2019年）

城市	年产生量/万t	处理利用情况		备注
		焚烧和厌氧消化/%	资源化利用率/%	
苏州	133	74.8	25.2	沼渣焚烧处理或少量好氧堆肥
无锡	84	95.6	4.4	
常州	22	100.0	—	
湖州	15	100.0	—	
嘉兴	29	98.0	2.0	
总计	283	86.7	13.3	

农业秸秆主要通过直接粉碎还田肥料化利用（约75.9%），部分进行饲料、燃料、原料或基质利用（约21.9%），少量难以收集或另作他用（约2.2%）。畜禽粪便处理利用主要包括粪污还田、农牧结合、生产有机肥和沼气等方式；规模化养殖场一般配置堆肥设备进行就地处理，处理后产物就近消纳；此外，部分养殖场采用厌氧消化生产沼气；畜禽粪便综合利用率约为96.3%。园林绿化废弃物的处理利用主要有以下几种方式：粉碎后制作成垫料用于铺路，粉碎后锯末作为土壤基质或者好氧堆肥辅料，加工成燃料棒直接焚烧等；园林绿化废弃物资源化利用率差异较大，如常州市资源化利用率约为80%，苏州市约48%，无锡市大部分粉碎后用于焚烧发电，湖州和嘉兴市多经粉碎后制作成燃料棒或焚烧发电。

水草处理经打捞、晾晒(藻水分离)后,进行焚烧和填埋处理(约78.6%),肥料化比例不足20%(表5-3)。

表5-3 环太湖五市水草利用情况统计表(2019年) %

城市	焚烧和填埋占比	肥料化占比	其他方式占比
苏州	97.0	0.0	3.0
无锡	53.1	44.1	2.8
常州	98.3	1.7	0.0
湖州	99.8	0.2	0.0
嘉兴	—	—	—
总计	78.6	19.2	2.2

环太湖五市产生的淤泥,绝大部分被堆放在废弃鱼塘、荒地附近自然晾干,仅有少量用于绿化和铺路。

总体上,环太湖五市六种有机废弃物资源化利用率约为17.2%,除淤泥外的五种有机废弃物资源化利用率为58.5%。

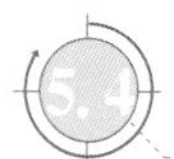

5.4 环太湖有机废弃物处理利用示范中心(临湖镇)

基于上述思考和调研,我们在吴中区临湖镇建设了环太湖有机废弃物处理利用示范中心(以下简称示范中心),下面进行简要介绍。

5.4.1 基本情况

临湖示范中心,主要以临湖镇的餐厨、厨余、园林绿化、水草等有机废弃物协同处理为主,配置有两条生产线,一条是预处理后经"生物干化+移动槽好氧发酵"的餐厨垃圾处理路线,另一条是预处理后经筒仓反应器好氧发酵的水草、淤泥处理路线。项目实现了镇域有机废弃物的"零"废弃,不出镇、不入河,达到资源回收、减少环境污染的目的;又实现了化肥减量,支持了生态农产品生产(Yuquan Wei et al.,2019)(图5-1)。

图 5-1　环太湖有机废弃物处理利用示范中心实景

5.4.2　工艺方案

(1)处理规模　厨余垃圾 7 000 t/年,平均 20 t/天,含水率按 90%计;河湖淤泥 5 500 t/年,平均 15.7 t/天,含水率按 80%计;芦苇秸秆、园林垃圾 1 500 t/年,平均 4.3 t/天,含水率按 40%计;全年处理废弃物 14 000 t;

(2)处理模式　以"无害化+减量化+资源化"为原则,采用"卧式生化机+一体化槽式反应器"处理餐厨垃圾,采用"密闭筒仓反应器"处理河湖淤泥和芦苇秸秆,共配置 4 台日处理 5 t 生物干化机、2 台一体化槽式反应器和 2 台筒仓反应器;

(3)产品规模和方案　年产 5 000 t 固体有机肥和 3 000 t 液体有机肥,固体有机肥符合《有机肥料》(NY/T 525—2021)要求,产品用于农田和园林绿化,液体有机肥符合《有机水溶肥料　通用要求》(NY/T 3831—2021),产品用于农田;

(4)土建工程　处理车间一座,产品库一座,含反应器基础和设备地坑;

(5)主要设备　餐厨垃圾生化处理线一条,包括:接收料仓、油水分离槽、粉碎挤压机、Z 形刮板机、餐厨生化机、一体化槽式反应器、输送皮带机等;河湖淤泥和芦苇秸秆处理线一条,包括:秸秆粉碎机、配料混料设备、密闭筒仓反应器、输送皮带机、有机肥加工等设备。

5.4.3 工艺流程

临湖示范中心工艺流程如图 5-2 所示:

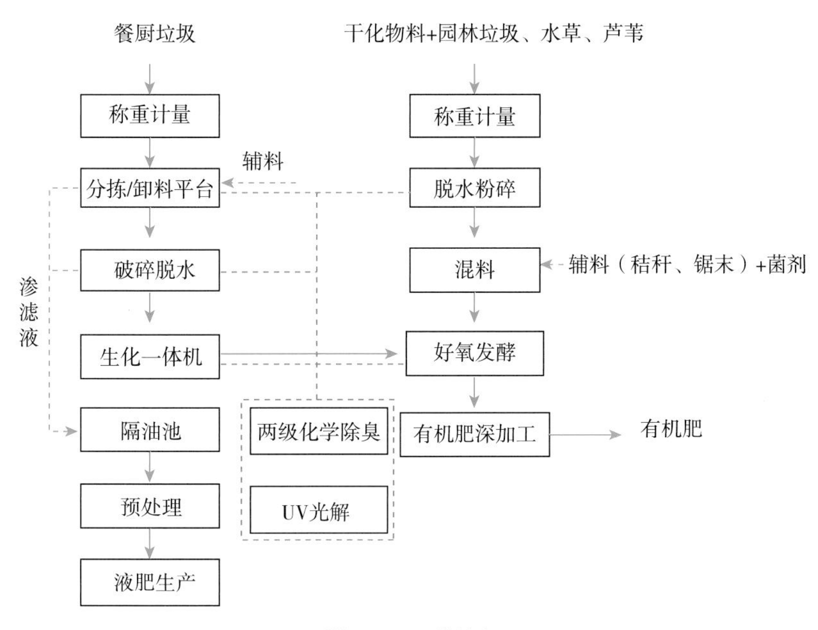

图 5-2 工艺流程

1. 预处理工艺

(1)称重计量、分拣 餐厨垃圾由专用密闭运输车辆输送至处理中心,通过地磅称重后,卸入自动上料分拣平台,由人工分拣无机物,同时分拣台面设置有细小的网孔进行初步沥油水,从网孔沥下的油水进入底部的油水分离箱,通过重力分油将油水分离,分离出的水通过溢流后排入隔油池,分离出的油收集后出售,制作生物柴油。分拣过的餐厨垃圾静置 5 min 后自动输送进入下道工艺(施军营等,2017)。

(2)破碎压榨 餐厨垃圾通过输送进入破碎机破碎至颗粒度 20 mm 以

下，同时在破碎机的上方喷淋水洗，以便除去垃圾中的油水，然后进入螺旋挤压脱水机进行脱水处理，脱除下来的压滤液进入废水处理系统。挤压产生的物料（含固率30%以上）经密闭刮板输送机送入卧式生化机内进行处理。

2. 生物干化+好氧发酵工艺

（1）卧式生物干化一体机　破碎压榨后的有机垃圾送入卧式生化机仓内，通过搅拌、曝气、加热的方式，对有机固渣进行生物干化处理，处理时间24 h。搅拌能将有机固渣混合均匀，增加其中的孔隙度，同时在仓体底部曝气、加热，为微生物作用提供适宜条件，实现有机固渣的初步发酵；此工艺环节可适当混加一定配比的辅料（如破碎的秸秆、树叶、枝条等）以强化发酵效果，减少发酵周期和能耗（詹亚斌等，2021）。

（2）混料　有机固渣通过卧式生物干化一体机处理后出料，通过无轴螺旋输送进入双轴混料机，秸秆、树叶等作为辅料通过秸秆粉碎机粉碎后进入双轴混料机，两种物料均匀搅拌混合，同时加入石灰调节物料 pH 在 6.0 以上，通过自动喷菌装置将调配好的生物菌均匀喷洒到混料机的入料口，让生物菌种跟有机固渣充分混匀，为后续的好氧发酵做准备。

（3）槽式反应器/筒仓反应器　混料后的物料通过密闭刮板输送进入槽式反应器或筒仓反应器进行为期 5～7 天的好氧发酵，在微生物的分解作用下使有机物料变成 CO_2 和小分子有机物，实现有机物料的降解，是一个减量化、稳定化的过程。同时发酵物料也聚集大量的热使堆体的温度达到 60 ℃以上，并且持续一段时间，对病原菌和杂草种子等有杀灭作用，实现有机物料的无害化，进一步实现有机废弃物的资源化利用。

（4）陈化计量打包　物料从设备底部出料口出料后分装入吨袋进行陈化，陈化周期一般为 1 个月，陈化物料通过无轴螺旋输送提升进入计量打包机，打包成有机肥。

（5）液态肥系统　采用“隔油沉淀-气浮-厌氧-沼液农用”工艺，对废水进行处理，经过处理后的出水可以满足农用沼液三级质量标准，作为沼液农用，执行《有机水溶肥料 通用要求》(NY/T 3831—2021)。也可采纳“沼液农用-A2/O-MBR”作为应急处理路线,将多余的沼液处理后,出水可以达到《污水排入城镇下水道水质标准》(GB/T 31962—2015)中的A级水质标准,纳管排放。

(6)气体净化 预处理过程中运输车卸料后的分拣区为臭味发散点,可针对卸料分拣区采取局部密封的方式,搭建透明密闭房,在密闭房顶部设置抽风口,将平台散发的臭气集中收集后处理;生物干化及好氧发酵环节产生的废气收集至气体净化系统,通过酸碱中和、光催化氧化、植物除臭液喷淋等方式处理达标后排放;整个处理车间采用负压,对多余臭气进行收集和处理,保证达标。

5.4.4 产品及投资收益

临湖示范中心生产的固体有机肥和液体肥料,均在当地水稻生态农场就近利用,3年实验结果表明,施用餐厨有机肥后,水稻产量比化肥对照提高了12.72%,稻米品质达到优质粳米二级标准(图5-3)。

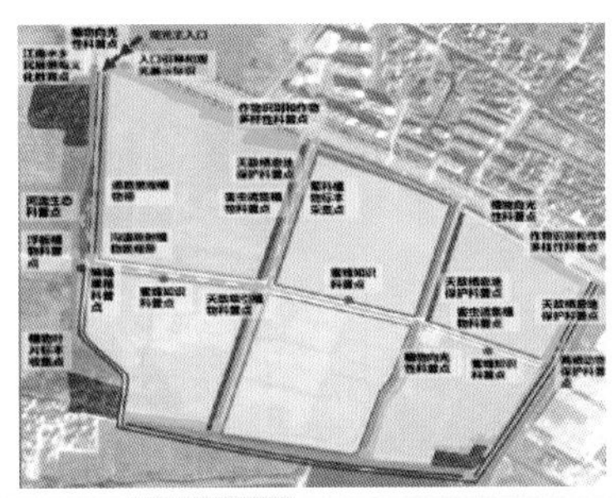

图5-3 临湖镇水稻生态农场

示范中心建成后，预计年处理 14 000 t 有机废弃物，产出 5 000 t 有机肥，3 000 t 液体肥，全年收益约 300 万元（表 5-4）。另外餐厨垃圾、芦苇水草等的收集转运都由临湖镇第三方公司负责，政府每吨按 325 元进行补贴（詹亚斌等，2022）。

表 5-4 临湖镇有机废弃物资源化利用项目投资收益核算

内容	总人口/万人	有机废弃物利用量/t	项目占地面积/亩	固定资产投资/万元	处理成本/(元/t)	产出有机肥/t	产出沼液肥/t	有机肥收益/万元
镇级	11	14 000	8	3 000	300	5 000	3 000	300

注：1. 有机废弃物包括厨余废弃物、河道淤泥、芦苇、水草、园林废弃物；2. 固定投资为场地建设和设备投资；3. 处理成本包括用电和人工；4. 有机肥料价格按 600 元/t，沼液肥未估算价格，可以考虑免费推广施用后再定价。

开展有机废弃物处理利用示范，协同处理厨余垃圾、园林废弃物、水草、芦苇等，生产有机肥、生物有机肥、栽培基质及土壤调理剂等产品，可实现废弃物就地处理和资源化，形成良好的经济效益、生态效益与社会效益。

环太湖示范区建设规划与效益评估

5.5.1 建设规划

环太湖地区五市有机废弃物年产生量约 5 000 万 t，按日处理能力每吨投资 50 万元计，项目投资总额约 680 亿元。

5.5.2 效益评估

(1)若将 5 000 万 t 有机废弃物进行资源化处理，每年可生产出有机肥 1 800 万 t，供给土壤有机质 589.3 万 t，替代化肥 246.8 万 t；固定碳 2 503.6 万 t，减少碳排放 49.36 万 t（表 5-5）。

(2)太湖流域每年产生5 000万t有机废弃物,如随意堆弃,每年地表径流将往太湖水体排入总氮含量3万t、总磷1万t,分别占太湖流域面源污染总量的7.46%、16.97%。

表5-5 环太湖有机废弃物资源化利用项目效益分析

项目		效益指标
有机废弃物产生量/(万t/年)		5 000
可生产有机肥量/(万t/年)		1 800
可供给土壤有机质量/(万t/年)		589.3
可固定碳量/(万t/年)		2 503.6
太湖径流减排量/(t/年)	总氮	30 000
	总磷	10 000
温室气体减排量/(t/年)	CO_2	1 548 484
	CH_4	7 977
	N_2O	644
替代化肥总量/(t/年)		2 467 856
减少碳排放量/(t/年)		493 571

(3)太湖流域每年有机废弃物产生量约5 000万t计算,如不能资源化利用,每年将往大气中排放154.8万t CO_2,7 977 t CH_4,644 t N_2O。

(4)1 800万t有机肥,按替代化肥100%估算,可以实现2 250万亩耕地有机生产(每亩施肥约800 kg);提供有机质589.3万t,每年每亩可以增加土壤有机质0.16%,可提供约2.25万人就业岗位,可培育新型职业农民9万人。

参考文献

江苏省统计局,国家统计局江苏调查总队. 2019. 江苏省统计年鉴2019. 北京:中国统计出版社.

浙江省统计局,国家统计局浙江调查总队. 2019. 浙江省统计年鉴

2019. 北京：中国统计出版社.

施军营，薛方亮，DODA Ada，等. 2017. 城市餐厨垃圾前处理的工艺优化. 环境工程学报，11(10)：5658-5662.

詹亚斌，魏雨泉，陶兴玲，等. 环太湖地区典型有机废弃物堆肥资源化利用潜力分析. 环境工程，2022(录用)

詹亚斌，魏雨泉，张阿克，等. 2021. 回料对餐厨垃圾生物干化效率及能耗的影响. 科学技术与工程，21(3)：1217-1222.

中华人民共和国农业农村部种植业管理司. 2021. 有机肥料 NY/T 525—2021. 北京：中国农业出版社.

Yuquan Wei，Ning Wang，Yongfeng Lin，et al. 2021. Recycling of nutrients from organic waste by advanced compost technology—A case study. Bioresource Technology，337(24)：125411.

6 未来挑战与展望

6.1 面临挑战

有机废弃物中包含大量的营养元素，若管理不当，将会对土壤、水体和大气环境造成污染，给人们生产、生活带来严重的负面影响；但如果合理处理和利用这些有机废弃物，则可以充分利用其中的物质和能量，并将养分回归到土壤中，实现养分循环利用。

环太湖五市的调研表明，有机废弃物的处理利用面临产生量大、无害化程度低、资源利用率低等问题，仅5市每年产生量就达5 000万t，这还不包括市政污泥、厕所粪污、湖泊底泥、食品与林木企业的下脚料、果树修剪和蔬菜残余物等有机废弃物，相当一部分只采取了简单的晾晒、堆置，无害化程度低，资源化利用率不足60%。

面对全国每年约55亿t的有机废弃物，迫切需要形成覆盖全链条的政策体系、技术体系和运营体系，既解决环保问题，又形成生态产业，造福社会。

目前，有机废弃物面临的挑战主要包括管理协同、装备技术创新和风险控制几方面。

6.1.1 废物流管理协同不够

有机废弃物种类繁多，涉及管理部门众多。餐厨、厨余废弃物属于城建环卫部门，污泥、淤泥、水草属于水务部门，园林绿化垃圾属于城建园林部门，农贸市场垃圾属于工商部门，秸秆、畜禽粪污属于农业部门，飞灰、油脂属于环保、商务部门，等等。部门分隔及政策不一致往往制约了有机废弃物的处理利用。

欧洲早在 1973 年就建立了环境共同政策，截至 2010 年连续出台了 6 个环境行动计划，并在废弃物管理框架中明确了优先序，源头减量、回收、资源利用是优先项，其次是能源回用，最后才是填埋处置。如 2016 年要求削减 65%的有机废弃物填埋比例，部分国家要求用于填埋的废弃物有机碳含量在 5%以下。

相比之下，国内目前尚未形成共同政策，上下游特别是跨部门的协作还很缺乏，往往相互封闭或制约，一方面难以彻底解决问题，另一方面因重复建设带来较高成本，影响了可持续发展。

环太湖城乡有机废弃物处理利用示范区的首个目标就是建立多层次综合协调机制，目前各市、各区县均已设立项目专班，如苏州市即出台了环太湖地区城乡有机废弃物处理利用示范区建设联席会议制度，办公室设在生态环境局，联席会议由市发改、生态环境、园林绿化、城管、水务、农业农村等各专业管理部门组成，旨在强化各管理部门之间的协调衔接联动，打破行政分割，加强沟通交流，加强互学互鉴，打造统一开放市场，形成一体化的区域环境治理格局。

下一阶段，需要尽快建立国家层面的环境共同政策，强化区域生态环境一体化建设机制设立，打通上下游废物流管理堵点，逐步形成有机废弃物协同技术体系、标准体系和组织体系。

6.1.2 现有技术创新不足

有机废弃物处理属于环保节能产业，涉及厌氧消化、好氧堆肥、热水解、干化等领域，经过近十年的快速发展，相关技术装备体系已基本建立，但仍面临工艺落后、设备能耗高、产品附加值低等问题，总体技术创新仍显不足。

以厌氧消化为例，目前普遍面临设备运行复杂、成本高的问题，大量运行的湿式厌氧消化工艺产生的沼气享受不到上网发电补贴，另外产出的沼液需进入污水处理厂进行深度处理，沼渣则送到焚烧炉进行焚烧发电，带来额外成本；新的干式厌氧工艺尚未成熟，需要进一步完善和推广。

好氧发酵也面临处理时间长、设备能力不足以及臭气控制差等问题，传统的槽式发酵工艺处理量大、效率高，但也存在设备耐用性差、臭气控制难以及智能化水平需要提升等问题，反应器堆肥工艺自动化程度高、臭气控制好，但也面临处理能力低、运行成本高的问题。

另外，不同工艺间的协同以及产业链延伸均显不足，厌氧消化产物需要与好氧发酵及水生态处理结合，餐厨类废弃物的好氧发酵工程需要与渗滤液处理及土地利用相结合。热水解需要跟好氧及水处理结合，干化则要与沼气热源及产物资源化结合，等等。

所有这些环保设施均需要秉持低能耗、低排放及环境友好原则，不断吸收先进的高效转化技术，不断提高设备的智能化、自动化水平。

6.1.3 风险控制压力增大

有机废弃物收集、储运、处理和利用全过程均面临不同风险物质的监控，随着公众环保意识的提升以及各类标准的出台，风险物质管控压力在不断增大。

通常涉及的风险物质有臭气、化学残留物、病原菌等。有机废弃物因其容易腐烂经常面临恶臭气体产生问题，且主要致臭成分因原料性质、操作条件不同而有很大区别，NH_3 和 H_2S 气体在填埋、堆肥、干化等场所都有产生，常常作为臭气典型检测项目。随着经济水平的不断提高，国家出台的各类环保标准在不断规范和趋于严格，民众对于臭气问题也日益关注。现阶段，我国在有机固废的臭气治理中已有成熟技术和经验，可满足除臭的不同要求。

一些有机废弃物如养殖粪污、餐厨废弃物、食品下脚料等在饲养、加工的过程中添加了一些外源化学物质如抗生素、重金属、盐分和食品添加剂等，这些物质就会残留在废弃物中并进入后端的产品和土壤，带来风险。相关规范和产品标准已设定一些限量指标来监控这些风险物质。

此外，部分有机废弃物还存在威胁人类和动物健康的致病菌、微生物毒素等，其中有些指标如大肠杆菌、蛔虫卵已列入相关标准加以管控，还有一些风险物质如沙门氏菌、聚丙烯酰胺、藻毒素、微塑料、病毒等尚未进入管控。国际的经验和做法是，环境风险是一个不断认识和管理的过程，管控的前提是科学家基于深入研究给出结果和建议，政府部门再展开监测评估，继而上升到标准规范。相信在生态文明建设的大背景下，环境与产业发展将不断走向协调，风险管控也趋于不断发展和成熟。

6.2 展望

有机废弃物循环利用，是我国生态文明战略下的一项重要内容，关系到城市和农村的可持续发展，也涉及经济社会和生态的方方面面。有机废弃物循环利用的核心是养分循环利用，即把废弃物中残留的养分资源进一步利用起来，实现物质循环再生，属于生态系统的重要过程；有机废弃物的处理利用本身就是循环经济的一个分支，也是一个产业形态；废弃物的全链条管理关联到每个社会单元，包括居民、社区、单位、城市等，其效率、覆盖程度自然也关系到社会的和谐、可持续。有机循环应成为全社会宣而贯之的一项事业持续推动下去。

日本于 21 世纪初开始实施生物质镇（Biomass Town）计划，目标是

2010年建成300个，2020年建成600个（约占全部1/3）生物质循环的小镇。该计划的核心是围绕一个镇域，实现所有生物质资源的全部收集、处理和利用，处理技术为生物处理，利用方向是土地利用（艾尔伯特·霍华德，2013）。

德国是全球实行垃圾分类以及资源化利用最好的国家之一。德国城市垃圾中废纸、包装和生物垃圾的回收率高达99%、81%和99%，生物垃圾的利用率达到60%。1 200万t可降解生物垃圾主要通过好氧和厌氧工艺进行处理，其中924个堆肥厂处理了800万t，另外430万t由1 000个厌氧消化设施处理（Nelle et al.，2016）。与这两个国家相比，我国的有机循环事业路程还相当远。

环太湖示范区的建设目标是通过5年即到2025年全部实现城乡有机废弃物的处理和利用，其间涉及大量绿色基础设施的建设，以及管理运行机制的创立。

这里重点围绕示范样板建立、土壤食物健康和双碳贡献做些展望。

6.2.1 不同类型示范样板建立

有机废弃物的处理和利用涉及不同原料、不同处理工艺和不同利用模式，需要不断创新，建立可复制、可推广的各种高效模式。

吴中区临湖镇建立的示范中心仅是一种模式，该模式可归纳为“生物干化+好氧发酵”处理技术耦合生态农场利用模式，是以好氧发酵为特色的技术模式，其核心是把镇域的不同有机废弃物进行协同处理，生产出来的有机肥料进入水稻生态农场，生产高品质的稻米。

目前还有厌氧消化工程结合沼渣沼液利用模式，即在已有或新建厌氧发酵设施基础上，配套建设沼渣好氧发酵和沼液土地灌溉设施，为城市园林绿地提供有机肥和中水，打通后端利用环节，降低成本，提高资源利用率。

针对垃圾分类政策推动下不断产生的大量有机垃圾或湿垃圾，也可探讨好氧发酵技术的应用，把这些有机废弃物资源进行好氧发酵处理，生产有机肥用于园林、绿地或农田,实现养分资源回收利用。

另外针对河道及湖塘产生的大量淤泥和底泥,也需要探索适宜的技术路线,或者采用干化方法生产建材或道路用土,或者采用简易堆肥方法进行熟化,并种植绿化用草皮或营养土。

有机废弃物的管理也涉及区域布局,即针对一个区域如市、县或镇开展废物全产业链(原料、分类、收集、运储、处理、利用、处置)的所有设施布局,优化建立适宜的集中与分散相结合的空间实施方案。

只有当所有废弃物有了自己的归宿、所有的资源发挥出自身的价值,所有的设施或产业均能稳定持续运行,这时才可以说这一问题得到了彻底解决。

6.2.2 土壤与食物健康提升

有机废弃物的循环利用关系到土壤及食物的健康。所有的有机废弃物皆来自土壤,随农产品物流远离"故土"进入城镇、工厂。仅靠化肥是不足以完全补充土壤养分的,必须把有机的部分特别是碳和中微量元素等以有机肥料的方式再返回到土壤中。有机养分从废物向土壤回归势在必行。

土壤有机质是土壤质量和功能的核心。经过 30 余年的努力,我国农田耕层土壤有机质含量整体呈上升趋势,较全国第二次土壤普查时期提高了 24.49%,但与欧洲、日本等相比还有相当差距,我国土壤有机质含量只有他们的 1/5~1/3。

提高土壤有机质的关键是有机肥的投入。长期施用有机肥可改善土壤结构、显著提高土壤肥力和土壤健康状况,同时增加作物产量和提升作物品质(龚伟等, 2011; Wang et al. , 2015, 2018)。我们在河北曲周实验站开展的有机肥的粮田定位试验,经过 27 年的时间,土壤有机质从 1.3%提高到 3%,每亩固定了 0.8 t 碳,粮食产量提高了 20%。土壤是农业的基础,只有肥沃的土壤才能保证农业的产量与质量,进而满足人类对食物和健康的需求。《农业圣典》一书的作者、世界有机农业的先驱霍华德先生曾有几段论述涉及土壤与食物健康的关系:“有了健康的土壤,就会有健康的植物,也就有了健康的动物和人类”;“农业在任何时候必须得到平衡,当生长加快时腐解也要加速。反过来,当土壤储备被肆意浪费时,作物生产就会停止下来,想要成为一个好农场是不可能的,农民这时就变成了一个土匪”;“我斗胆断言当我们的食物皆产自肥沃的土壤,当我们皆食用这些新鲜的食物时,人类至少有一半的疾病会消失”。今天我们回味起来,才感觉到过去几十年我们解决了食物的短缺问题,而未来更大的挑战是如何提供健康的食物。

6.2.3 碳固定和碳中和贡献

2020 年 9 月,习近平主席在第七十五届联合国大会一般性辩论上首次明确提出我国碳达峰和碳中和的目标,承诺力争于 2030 年前达到峰值,2060 年前实现碳中和的宏远目标。碳达峰和碳中和愿景的宣示是加强生态文明建设、实现美丽中国目标的重要举措,也是我国履行大国责任、构建人类命运共同体的重大历史担当。

城乡有机废弃物处理和利用,把城乡产生的大量有机废弃物经过科学处理转化为有机肥产品,进一步回到土壤,是实现减排固碳,提升土壤碳汇、加快实现碳中和的重要途径。

环太湖地区有机废弃物年产生量约 5 000 万 t,按肥料化比例 50%估算,可减少 CO_2 排放 154 万 t,年产有机肥 900 万 t,供给土壤有机质 357 万 t,固定碳 1 429 万 t;同时还可替代化肥 123 万 t,减少因化肥减量带来的碳排放 250 万 t。

放眼长江经济带 11 个省份,有机废弃物年产生量约 24 亿 t,按肥料化比例 30%估算,可减少 CO_2 排放 7 500 万 t,年产有机肥 2.9 亿 t,供给土壤有机质 1.2 亿 t,固定碳 4.6 亿 t;同时还可替代化肥 4 000 万 t,减少因化肥减量带来的碳排放 8 100 万 t。

有机循环项目在控制环境污染、回收养分资源、减少化肥使用、促进农业生态化方面的作用是明显的，其在减少 CO_2 排放、固定碳素和提升土壤有机质方面的效果也是十分显著的。期望在生态文明建设这一国家战略推动下，各级政府、企业及科研人员通力合作，以有机循环为抓手，用 10～20 年时间把我国相对落后的生态环境建设好，服务于无废城市和大健康农业发展，并为国家实现社会主义现代化强国这一宏伟目标做出贡献。

参考文献

艾尔伯特·霍华德. 2013. 农业圣典. 李季，译. 北京：中国农业大学出版社.

龚伟，颜晓元，王景燕. 2011. 长期施肥对土壤肥力的影响. 土壤，43(3)：336-342.

Nelles M，Grünesa J，Morschecka G. 2016. Waste management in Germany-development to a sustainable circular economy? Procedia Environmental Sciences，35：6-14.

Wang J，Wang K，Wang X，et al. 2018. Carbon sequestration and yields with long-term use of inorganic fertilizers and organic manure in a six-crop rotation system. Nutrient Cycling in Agroecosystems，111(1)：87-98.

Wang Y，Hu N，Xu M，et al. 2015. 23-year manure and fertilizer application increases soil organic carbon sequestration of a rice-barley cropping system. Biology and Fertility of Soils，51(5)：583-591.